基礎の基礎から
よくわかる

はじめてのハーブ 手入れと育て方

高浜真理子＝監修

ナツメ社

目次

巻頭

Herbs of a day

ハーブのある暮らしを始めましょう!

1章

How To Herbs

●植物名は、流通するときによく付けられているものを使用しています。種名を表記したり個体名を表記したり、分類上は同じ仲間でも別のページで紹介している場合もあります。探したい植物が見あたらないときは、さくいんも参照してください。●栽培については、東京を標準に記載しています。耐寒性や耐暑性、水やりなどの手入れは、植物の状態や管理によって異なります。あくまで目安としてください。●本書では、ハーブの楽しみ方の一例を紹介しています。体質やそのときの健康状態によっては、利用によって異変が生じることもありますから十分注意してください。特に持病がある方や妊娠中の方などは、控えた方がよいハーブもあります。症状の改善を目的とする場合や異変が生じた場合などは、必ず医師、薬剤師に相談してください。●電子レンジの活用に関する記載は、500Wの電子レンジを使用した場合の目安です。機種の使用説明書に従って確認の上、正しく使用してください。●ハーブを加熱する場合、アルコールや油などで成分を抽出する場合などは、放置せず、変化の様子に配慮しながら行ってください。●本書の内容に関して運用した結果の影響については、本書の監修者、出版社は一切責任を負いかねます。個人責任のもとで運用してください。

Herbs of a day

ハーブのある暮らしを始めましょう!

Herbal Teas

ハーブを五感で味わう

ティーの楽しみ

ハーブの心地よい香りに包まれて、
ほっこりゆったりリラックス。
遠い昔から親しまれたハーブの
パワーで、身も心も健やかに。

フレッシュハーブのティーは香りも色もすっきりさわやか

摘み取ったばかりのハーブでいれたティーは揮発性の香り成分も堪能でき、みずみずしくさわやかな風味です。たくさん収穫したときにはドライに。自家製ドライの味わいは格別で、フレッシュとの風味の違いも楽しめます。

POINT

**ハーブティーは3分が基本
時間をきちんとはかること!**

熱湯をそそいだらふたをして蒸らし、3分ほどでハーブを取り出します。長く置くと雑味が出て、せっかくの風味が損なわれるので注意。ハーブの量は、カップに生葉スプーン山盛り2〜3杯を目安にお好みで。ハーブの種類や季節によって風味の強弱や抽出時間が変わるので、自分なりのレシピを見つけましょう。

摘んだばかりのハーブにお湯をそそげば、みずみずしいハーブティーのできあがり。まずは、ティーから立ちのぼるやさしい香りをいっぱいに感じて。そして、ゆっくりとみずみずしい風味を味わって。ハーブのパワーが五感に働いて、体も心もリラックスさせてくれます。自分で育てているからこその、贅沢なひとときといえるでしょう。

ハーブにはそれぞれ、古くから伝えられてきた作用があります。好みの香りや作用によって、いくつかのハーブをミックスしても。日頃飲んでいる緑茶や紅茶、中国茶などに加えてもおいしい!

夏はお手軽アイスティーにも

レモングラスやローズマリーは、水につけておくだけで香りが移ります。水出し緑茶にプラスすれば、手軽にハーブ風味アイスティーが味わえます。

葉を数枚加えるだけ。

ポットの中にハーブを数枚プラス

いつもの緑茶が、上品な風味のフレーバーティーに

ハーブを日頃よく口にする緑茶（煎茶）に加えてみたら、すっきり上品な風味に大変身！　緑茶のイメージを一新するおいしさです。ハーブティーの味わいに慣れていない方にもおすすめ。玉露などの濃厚なタイプより、ふだんづかいのあっさり味の緑茶が向いています。

ストレーナーを使ってスピーディーに

ポットいらずでいつでもどこでもお手軽にハーブの風味を

時間がなくて忙しい！　というときこそ、ハーブパワーでリラックス。ストレーナー（茶こし）にハーブを詰めれば、ポットいらずです。紅茶との相性も抜群なので、ティーバッグといっしょにカップに入れてもOK。

テクニックレシピ

フレッシュハーブは透明感のある味わいが魅力。準備の違いで、ぐっと風味がアップします。

古い葉や茎を取り除いて利用する

洗って水気を切り、茎と葉柄を残してきれいな葉だけを摘み取る。

香り高く濃くいれるには…

花茎は残さずハサミで切り取る。

ラベンダーなどやわらかい葉や細かい葉は軽くもむ。

レモングラスなどかたい葉はハサミで細かく刻む。

Herbs in the Home

ひと手間かけてくらしに活かす

香りを身近に

ベランダで収穫した
少しの量のハーブでも大丈夫。
香りをぎゅっと閉じ込めて、
いつでもどこでも楽しんで。

手軽につくれるのがうれしい ハーブエッセンス

ハーブをアルコールに浸けておくだけで、水溶性、非水溶性の両方の有効成分が抽出できます。抽出液はハーブチンキとして療法に用いられますが、水で薄めると香りがやさしくなって、エアフレッシュナーなど、くらしに幅広く使えます。

レシピ

溶剤抽出
ハーブエッセンス

ハーブをエタノールやウオッカなどのアルコールに浸けておくだけで、香りと有用成分がぎゅっと詰まったハーブエッセンスに。

びんに刻んだハーブを入れ、ひたひたまでエタノールを入れる。ふたは軽く閉め、冷暗所に。

2～3週間ほどで抽出でき、エタノールの刺激臭が弱まる。

ペーパータオルで濾し、遮光びんに入れて保存を。

水蒸気蒸留
ハーブウォーター

ハーブを蒸した水蒸気を集めれば、ほんのり香りただようハーブウォーターに。手順の分量は目安。たくさんつくれば、表面に少量の精油が浮かぶことも。ミント、センテッドゼラニウム、ラベンダーなど香りの高いものがおすすめです。

深なべに器を逆さにして置き、水を約600ml入れる。

器の上にざるを乗せ、ちぎったハーブを150gほど入れる。

中央に器を入れ、ふたを逆さに乗せる。

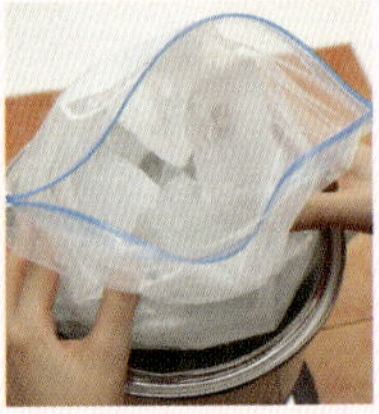

ふたに氷を乗せて加熱する。ふたに付いた水蒸気が氷で冷やされて水滴となって落ち、中の器にたまるしくみ。

なべの水がほぼなくなったら完成。密封容器に移し早めに使用を。

ハーブのリースをキッチンに 料理にも臭い消しにもお役立ち

ローズマリーの枝はよくしなるので、リースをつくるのもかんたん。キッチンに飾れば日々の料理に活躍するだけでなく、すっきりした香りがただよって臭い消しの効果も。そのままでドライになります。

ベランダや庭先で心地よい香りをただよわせるハーブたち。その香りを、くらしのいろいろな場所で楽しみましょう。

たくさん収穫できたら、ハーブウォーターなどをつくるのも楽しいもの。ハーブから香り成分を抽出するには、搾る、溶剤に溶かす、水蒸気蒸留などの方法があり、家庭にある材料でもトライできます。

保水ジェルに加えてルームフレグランスに

吸水すると数十倍に膨らむ保水ジェルが、ミニアレンジや水栽培用に市販されています。吸水後にエッセンスを数滴加えれば、自然の香りが広がります。

キッチンリース

レシピ

料理やティーに使えるハーブを組み合わせてつくれば、おしゃれで香る＆味わえるリースに。

ローズマリーを長めに収穫し、２本の根元近くをワイヤーで結ぶ。

枝をたわめ、互いの枝をからめながら円形に整える。

ボリュームや長さが足りないときは、別の枝をワイヤーで留めて足し、からませていく。

レモングラス、ローリエ、ラベンダーをワイヤーで止め付け、麻ひもを結んで完成。

サシェに香りを詰め込んで いつでもどこでもハーブといっしょ

サシェとは小さな袋にハーブを詰めたもの。ドライハーブをぎっしり詰めてもよいけれど、コットンで膨らませて生のハーブを数枝入れても。毎日新鮮なハーブとチェンジすれば、香りも心もリフレッシュ。

焼豚用に整形された豚肉に塩胡椒とハーブをもみ込んでひと晩おき、250℃に熱したオーブンで約20分焼くだけ。串をさして肉汁が透明ならOKです。

Cooking With Herbs

同じ食材がハーブで大変身

味わい豊かに

ハーブは食卓においしさと変化をプラス。
おなじみの食材とレシピでも、
ハーブで風味をチェンジすれば、
いく通りにも味わえます。

たくさん焼いても飽きずにペロリ 風味違いのポークグリル

冷蔵庫で3～4日はおいしく保存でき、主菜、副菜、おつまみ、おべんとうにと重宝。豚肉はローズマリーで風味付けするだけでも美味ですが、ローズマリーとオレガノ、タイム、バジルをミックスすればプロバンス風に、セージとタイムならドイツ風に、フェンネルやコリアンダーシードならアジアン風にと、お好みで味の変化を楽しめます。

おなじみの料理にハーブを加えるだけで、体にやさしく味わい深く大変身。自分で育てたハーブなら、そのおいしさもひとしおです。

同じ食材を使って同じように調理しても、加えるハーブを変えれば、いく通りもの風味が味わえるのもうれしい点。たとえば旬の魚だって、特売でたくさん買った肉だって、ハーブで風味を変えれば飽きずにおいしさを堪能できます。ここで紹介する料理は、むずかしいレシピはいっさいナシ！　シンプルな料理ほど、風味の違いが引き立ちます。

テクニックレシピ

パン粉とあえる

細かく刻んでパン粉とあえると、カラフルで風味豊かな衣になります。

イタリアンパセリやオレガノ、コリアンダーなどを細かく刻む。

パン粉と混ぜ合わせ、魚の表面に付ける。

焼くときに乗せる

葉だけを表面にまぶせば、ハーブもカラっと焼けてそのまま食べられます。

ローズマリーなどは、下処理した魚の上から茎をこそぐようにして葉を落とす。

冷蔵庫で少し休ませると、より風味がなじむ。

コリアンダーをプラスすれば、東南アジアを思わせる味わいに。レモングラスで風味付けしたビネガーとも相性抜群。

イタリアンパセリの若葉のやわらかい部分はどんなサラダにも合わせやすく、ハーブになじみのない方にもおすすめ。

テクニックレシピ

食卓で香り付けを

直前に各自が自分好みの味付けをすれば、シャッキリした口あたりで薄味でもおいしい！

オイルやビネガーをかけて時間がたつと、サラダが吸収してしんなりする。

日替わりで世界のサラダを

花豆とピーマン、パプリカのサラダは、彩りも栄養価もGOOD。違うハーブで風味付けすれば、飽きずに食材を使い切れて経済的にもGOOD。上は、パリのマルシェに並ぶフェンネルをちぎって入れたイメージのフレンチ風。

バジルの葉を乗せて焼いてもよいけれど、仕上げにジェノバソース（→15ページ）を乗せても。

カレープランツを乗せてカレー風味に。カレープランツは、食べるときには取り外します。

いつもの「アジの塩焼き」にローズマリーの葉を乗せて焼くだけ。すっきりした風味がアジを引き立てます。

マンネリ解消！
旬の魚を味わいつくす

旬の魚は栄養価が高く気軽に味わいたいものですが、メニューが単調になりがち。ハーブをプラスするだけで、味の幅がぐっと広がります。３枚におろしたアジにハーブパン粉を付けたソテーは、骨が苦手なこどもたちにもぜひ。

Cooking with Herbs

いつもの食材がお店の味に

超スピードクッキング

フレッシュハーブの風味を加えて
手間をかけずにおいしくヘルシー。
あっという間に
逸品料理のできあがり。

ハーブを使った料理って、時間のたっぷりあるときにつくる特別なものと思っていませんか？　忙しくて時間のないとき、食卓にちょっと一品プラスしたいとき、そんなときこそハーブの風味がお役立ち。冷蔵庫や食材棚にある材料にハーブの風味をプラスすれば、あっという間にお店で味わうようなひと皿のできあがりです。ここで紹介する料理は、どれも10分もかからない超スピード料理。これを参考に、日々の料理にこそ、もっともっとハーブを利用して！

彩りきれいな洋風寿司
おもてなし料理にもおすすめ

清涼感のあるフェンネルと寿司酢という意外な組み合わせが絶妙にマッチ。材料を混ぜ合わせるだけなので、急な来客でも安心。コリアンダーやチャービルなどを使ってもおいしい！

レシピ

味付けされた市販の寿司酢を使うと手軽。寿司酢とワインビネガーを合わせると甘さ控えめの大人味に。

ごはん１膳分、寿司酢大さじ１、しゃけフレーク、ホールコーン各大さじ１弱をちぎったフェンネルの葉適量と混ぜ合わせる。

お鍋も包丁も必要ナシ
電子レンジでかんたんリゾット

トマトの缶詰を使った超かんたんリゾットは、器に材料を入れて電子レンジで加熱するだけ。時間がないときの「おひとりさま食」にもどうぞ。ハーブの香りで食欲も倍増！

レシピ

ハーブは加熱すると色が悪くなるので、加熱後に生のハーブとチェンジすると風味と見た目がアップ。スープと仕上げに加える2種類のチーズがコクをプラスします。

器にごはん１膳分、カットトマト缶100ccを入れる。

パルメザンチーズ、粉末コンソメスープの素を各小さじ１、水200ccを入れる。

オレガノ、バジル、ローズマリーを乗せる。

電子レンジで約４分加熱。加熱後にピザ用チーズと生ハーブを乗せる。

万能カリカリバジルの冷ややっこ乗せ

揚げ焼きしたバジルの風味が食欲をそそり、カリッとしておいしい！キャベツや大根の千切りサラダ、納豆、卵料理など、和風洋風いろいろな料理のトッピングにおすすめです。

レシピ

多めの油を熱して、バジルをゆっくりと色よく揚げ焼きにし、熱いうちに塩をふって油を切る。

お酒のお友にも副菜にもさつま揚げのハーブソテー

そのままだとちょっと味気ないさつま揚げも、ハーブをプラスすれば居酒屋さんメニューに。バジル、フェンネル、コリアンダー、オレガノ、ローズマリーと、さまざまなハーブが合います。

レシピ

さつま揚げにハーブを張り付け、その面を下にして少量の油を引いたフライパンで焼く。

漬け込む手間いらず冷凍ミニトマトのマリネ

冷凍トマトを解凍すると水が出ますが、生ハーブの風味を活かしたスピードマリネならおいしく味わえます。ディル、イタリアンパセリ、タイム、セージ、ミント、レモンバームなど好みのハーブを使って。

レシピ

味がしみ込みやすいように皮を取る。冷凍トマトは、皮がつるんと手でむける。

トマトのひたひたくらいまでビネガーとオイル（3：1くらい）を入れ、塩胡椒とハーブを加え、混ぜ合わせる。

シャキシャキ水菜にかけてアジアンテイストソース

コリアンダーの風味は、一瞬で料理をアジアンテイストに。ケチャップでつくるお手軽ソースは、サラダやきのこ料理とも相性抜群。水菜は水につけてシャキッとさせてから、電子レンジで約30秒加熱するのがコツ。

レシピ

ケチャップ大さじ1、チリソース小さじ1を倍量の水で薄めて熱し、コリアンダーを加えて火を止める。仕上げに水溶き片栗粉を加えるととろみがつく。

日ごとに色付く
セピア色も楽しんで

つくり方はとってもかんたん。ハーブをオイルや酢に漬けるだけです。ハーブは数種類をブレンドしても楽しい！　日ごとに成分が抽出されて、淡いセピアカラーに変化します。ハーブによって微妙に異なる色の変化も楽しんで。

下ごしらえでも
テーブルでも大活躍

ハーブソルトは、料理の下ごしらえ、仕上げ、テーブルの上と、さまざまなシーンで重宝します。ラベンダーなどを加えたハーブシュガーは、紅茶やミルクに入れたりお菓子づくりに便利です。

Infusing Flavors

すぐに使えて重宝

調味料に香りを移して

香りを移した調味料をつくっておけば、一年中すぐに使えて重宝。ハーブの香りと親しくなるきっかけにもおすすめです。

日頃調理に使う調味料にハーブの風味を付けておけば、手軽に使えて重宝します。ごく普通のリーズナブルな油や米酢でも、ハーブで香り付けすれば、ぐんと味わい深くワンランクアップのおいしさに生まれ変わります。炒め油や料理の味付けに気がねなくたっぷり使って、豊かな風味を味わいましょう。

また、グレープシードオイルは、さらっとしてクセがなくビタミンEやポリフェノールが多く含まれます。白ワインビネガーは、風味が豊かで酸味が強いのでドレッシングやマリネに最適。こんな風に原材料を吟味したりちょっと奮発してよいものを選べば、そのままサラダやパンにかけてもよく、少量でおいしくヘルシーです。

POINT

調理油に香りを移しても

長く漬け込まなくても、熱した油に加えれば香りを移せます。ハーブは利用直前に収穫するのが理想ですが、キッチンに常に数種類いけておくのも手。料理に合わせて使うハーブや量を加減すれば、料理の腕もアップ！

熱した油にローズマリーなどのフレッシュハーブを枝ごと入れ、こげる寸前に取り出す。

鍋にローズマリーなどのハーブオイル、塩、ポップコーンを入れて加熱するだけ。

ハーブオイルでポップコーンを大人味に

おなじみのポップコーンも、ハーブオイルでつくれば上品な大人の味にランクアップします。お酒のつまみやパーティー料理にもどうぞ。生葉を加えるといっそう風味豊かに。

風味をぎゅっと閉じ込めて

バターやクリームチーズにハーブを練り込んでおけば、あわただしい朝食の時にもハーブの豊かな風味を味わえます。ゆでたジャガイモや卵も、これを乗せれば立派な一品料理に。マーガリンやマヨネーズも同様に楽しめます。

つくり方はどれもとてもかんたん。たったひとつのコツは、ハーブの水気をしっかり取ってから使うこと。

テクニックレシピ 1

バター&チーズ

ハーブ（イタリアンパセリ、チャイブ、コリアンダー、フェンネルなど）を細かく刻む。

室温に戻したバターやクリームチーズなどに練り込み、冷蔵庫で冷やす。

ソルト

ハーブ（タイム、ローズマリー、オレガノ、コリアンダー、パセリなど）を乾燥させる。

乳鉢（すり鉢でもよい）で細かくする。

食卓塩や岩塩などサラサラしたタイプの塩と混ぜる。

オイル&ビネガー

オイルやビネガーにハーブ（ローズマリー、バジル、タイム、セージなど）を漬け込む。2～3週間で風味が移るので、ハーブを取り出すとよい。

テクニックレシピ 2

ハーブは１種類でもよいですが、料理にあわせてミックスしておくと便利です。

ローズマリーとオレガノはトマト料理と相性抜群

セージとタイムは肉や魚の臭み消しに重宝

Preserving Herbs

おいしさのおくりものにも
加工して保存する

せっかく育てたハーブだから、
長くおいしく味わいたい。
友人へのおくりものにも、
喜ばれます。

たくさん収穫できたら、ジャムやペーストなどにして保存しましょう。自家栽培のハーブを使った手づくりの加工品は、上品な風味で素材の味をそのままに堪能できます。愛情込めて育てたハーブたちの、香りとおいしさだけをぎゅっと詰め込んだひと品は、お友達へのプレゼントにしてもきっと喜ばれるはず。

手づくり保存品は、保存料を入れないかわりにちょっと濃いめの味付けにするのがコツ。保存びんとふたは煮沸消毒し、乾いてから使うと安心です。

レシピ

ルバーブのジャム

ルバーブは葉柄の部分だけを利用します。一度にたくさん収穫できなくても、少しずつ収穫して冷凍保存しておけばOK。同じ方法で、ワイルドストロベリーのジャムもつくれます。

葉柄を2cmほどに刻む。赤い部分と緑の部分を分けてつくると仕上がりがきれいに。

ルバーブに砂糖をまぶす（砂糖の量はルバーブの重量の半分が目安）。

2時間以上置き、ルバーブの水分が出たら火にかける。

アクを取りながら中弱火で煮る。

余熱で加熱が進むので煮詰まる前に火を止め、仕上げにレモン汁を搾る。

おいしさも効能も満点
心と体にやさしい
ルバーブジャム

ほどよい酸味と、とろんとした口あたりが絶妙のハーモニー。ルバーブはビタミンやミネラル、食物繊維を豊富に含む機能性野菜としても注目されています。

手づくりならではの風味が格別 バジルが広げるハーブの楽しみ

パスタとあえるだけではもったいない！　ほかほかのジャガイモ、魚の塩焼き、冷ややっこ、サラダ、シチュー、パン、お餅と、さまざまな料理にトッピングして味わって。

Column
ハーブをもっともっと気軽に利用して

スパゲッティーといえばナポリタンとミートソースしか知らない頃。パスタという呼び方が一般的になる前のことです。本に書いてある通りにバジルペーストをつくって、はじめてバジルのおいしさに出会いました。この味が衝撃的でさまざまに利用しているうち、ほかのハーブにも興味が広がりました。

たくさん収穫できると、料理にもたくさん使いたくなるものですが要注意。慣れない風味に、ご家族から不評をかっては残念です。さいしょは本当に少量、「ん、これなんの風味？」と、気付かれるか気付かれないか、くらいの量を使うのがコツです。

（高浜真理子）

かんたん シロップもおすすめ

大きめに切ったショウガ、レモンバーム、砂糖を、ひたひたの分量の水で煮込めば、体を芯から温めてくれるシロップに。甘味をステビアで付ければ、ダイエットにも効果的。

バジルペースト

レシピ

本来は材料にエキストラバージンオリーブオイルを使いますが、いろいろな料理と合わせるならグレープシードオイルやピーナッツオイルでつくるのもおすすめ。びんに入れたらオイルを足してふたをすると、変色が防げます。

今回使うバジルは60g。たっぷりの水につけてシャキッとさせ、よく水気を切っておく。

松の実とクルミ各40gをローストする。こげやすいので電子レンジの「生もの解凍」で5〜6分を目安に加熱すると楽。

フードプロセッサーにオイル3/4カップ、ナッツ類、塩大さじ3/4を入れ、数秒回転させる。

軽くちぎったバジルの葉を入れ、再び回転させる。

なめらかにすりつぶしてペースト状にしてもよいが、写真のようにナッツの歯ごたえが残る程度に仕上げるとトッピングに使いやすい。

Grow Up

飾りながら楽しみながら

ハーブを増やす

ちっちゃな苗が日々すくすくと育つ姿は、
とてもドラマチック。
窓辺の特等席に招待して、
愛らしい姿を見守って。

タネをまいたりさし木をしたり、ハーブは増やすのもかんたん。小さな苗はとてもキュートで、力強い生命力も感じさせてくれます。そんな愛すべき苗たちを、コレクション感覚で飾ってはいかが?

窓辺につくった居心地のいいステージに生長中のハーブを飾り、個性の違いを楽しみながら生長の様子を見守って。長く窓辺で育てると日照不足になりがちなので、飾る苗はときどきチェンジしましょう。

ポットとぴったりサイズの器なら さっと交換できて見た目もすっきり

白いブリキのポットが4つ連なった器を、苗を飾る「ステージ」に見立てました。定位置にセットするだけなので、飾るのもチェンジするのも一瞬です。苗のポリポットがすっぽり入る寸法なので、見た目もすっきり。持ち手が付いているので、水やりのために移動するにも便利です。

POINT

タネまきした苗は、室内に飾る期間を短く

よい苗に育てるには、幼苗のうちにしっかり日にあてて育てることが大切。同じサイズのポットにタネをまいておけば、「ステージ」に飾る苗をチェンジするのも楽です。

プラカップをポットとして使ったら見た目も使い勝手もGOOD

さし木やタネまきには新しく清潔な用土を使うので、室内でも清潔感を保てます。透明のプラカップを使って、あえて見せる演出をしては？　根が出た様子もちゃんと確認できるので、ポットとしても優秀なのです。

透明袋に入れて湿度をキープ

発根までに時間がかかる木本類などは、さし木後に湿度を高く保つのがコツ。そこで、雑貨をラッピングする感覚で飾っては？ 直射日光を避けて管理を。

「つまみ食い」しながら株をこんもり育てましょう

ミントなど枝分かれして育つハーブは、身近に置いて「つまみ食い」をぜひ。小さなうちに先端の芽を摘むほど枝葉が増えて、こんもりとした姿に育つのです。鉢が立体的に組み合わさったストロベリーポットに苗を入れれば、省スペース化にも。

テクニックレシピ

飲みもの用の透明プラカップに底穴をあければ、育苗ポットとして利用できます。

熱した木ネジなどで底穴をあけてから利用。

長く育てるには向きませんが、さし木やタネまき用の土は粒が小さく、育てる期間も短いので大丈夫。

根が伸びたら、カップの外からでもわかる！

ひとまわり大きなカップに入れ、同じサイズのカップをさかさまにしてふたをすると湿度が保てる（密閉さし）。

Column

どんどんハーブを使いたくなる!

あると便利なハーブお役立ちグッズ

ハーブミルを使えば、みじん切りが一瞬!
そんな、ハーブを簡単&スピーディーに使うための
便利グッズをご紹介します。

バナナにクールミントのみじん切りをかけ、仕上げにレモンをひと搾り。2分もかからず、朝食におすすめのさっぱりデザートの完成!

シリコン製のレモン搾りは、必要な分だけレモン汁を搾ったら、そのまま冷蔵庫で保管できます。

めんどうなみじん切りも楽々

ハーブミル

ハーブを入れてハンドルをまわすだけ。包丁もまな板も使わずに、一瞬でみじん切りのできあがり。

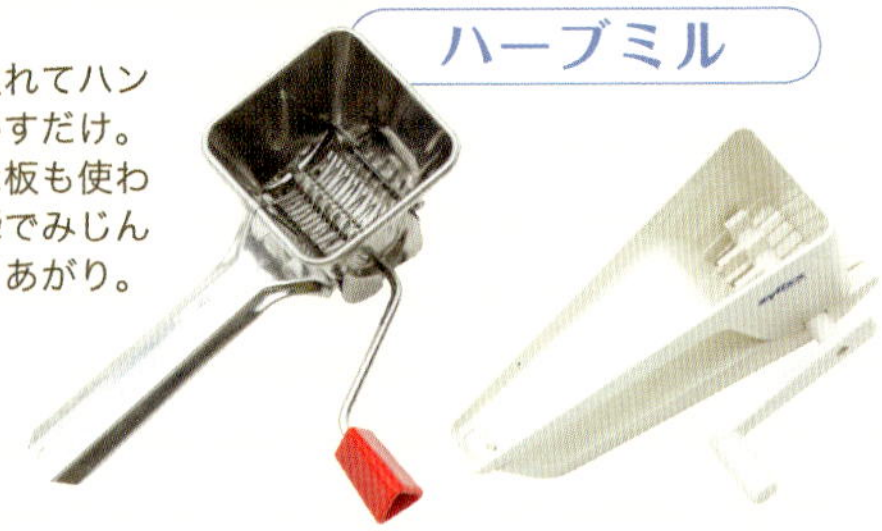

ハーブチョッパー

ハーブの上で前後に揺すれば、みるみるハーブが刻めます。好みの大きさに切れるのもうれしい。

手首のスナップをきかせて、一往復ごとに方向を変えるのがコツ。

ハーブの水気を一瞬で取ってくれる

サラダスピナー

二重構造になっている外ぶたのノブをまわすと、水が切れる。遠心力を利用して水気を取るサラダスピナーは、ハーブを手早くおいしく味わうためにもぜひ。

ハサミ

葉の厚いハーブは、器に入れてキッチンバサミで刻むと楽。書類をカットするためのシュレッダーバサミも、こまかく刻めて便利です。

ささっと手軽にハーブティーを

ティーストレーナー

日常に気軽にハーブティーを楽しむなら、ティーストレーナー(茶こし)が便利。さまざまなデザインをコレクションしても楽しい!

1章

ハーブ栽培の基本

How To Herbs

What is Herbs?

ハーブってどんな植物のこと?

そもそもハーブって何？　どこに育っていた植物なの？
まずはそんな、ハーブのプロフィールからご紹介します！

古くから人々に利用されてきた香りのある植物

もともと*Herbs*（ハーブ）はラテン語の*Herba*（ヘルバ）に由来し、「草本《そうほん》植物（→23ページ）」や「草の葉」を意味する言葉でした。古来より、人々は、身近な植物の持つさまざまな力を生活の中に取り入れ、いろいろな形で役立ててきました。薬として用いた野草もあれば、もく浴などに利用して豊かな香りを楽しんだ野草もあります。宗教の儀式に用いたり、染色に用いたり、防虫、防臭、殺菌など、幅広い用途に利用する工夫が重ねられてきたのです。

今日ハーブという言葉は、「暮らしに役立つ、香りのある植物」を総称する言葉として使われています。主に温帯に生育する植物で、それぞれの植物によって葉や茎、つぼみ、花、根などが使用されます。日本でも、野草を活用してきました。その代表格がシソで、いわば和製ハーブといってよいかもしれません。

お気に入りのひと株から、ハーブ栽培をはじめてみましょう！

丈夫で香りのよいハーブたち育てる楽しみが何倍も膨らみます

ちょっと触れたり水やりをしたり、手入れのたびに気持ちのよい香りをただよわせてくれるハーブたち。世話をすること自体が、育てる楽しみといえるでしょう。ハーブとして利用されてきた植物は、もともと荒れた野や山岳地など厳しい自然環境でも育つ植物。丈夫で育てるのもかんたんで、マンションのベランダなどでも楽しめます。多くは毎年楽しめる多年草で、あまり手をかけなくてもどんどん生長します。生命力が旺盛《おうせい》で元気に育つハーブの姿から

屋外で育てるハーブも、短い期間なら窓辺に飾って。やさしい香りが風にのって広がります。

キャットミント

素朴で愛らしい花姿で、花壇の縁取りにもマッチ。踏んでも大丈夫なほど、生命力が強いハーブもたくさん。

は、きっと力強いパワーが伝わってくるはず。ただし多くは地中海地方原産で冷涼な気候を好み、日本の夏の高温多湿はやや苦手。栽培や環境を工夫して、上手に夏越しできるように気を配ってやりましょう。一見すると華やかさには欠けるかもしれませんが、四季のうつろいごとにさまざまな表情を楽しませてくれます。

そしてなんといっても、その香りは、暮らしを豊かにしてくれることでしょう。料理、ティー、クラフト、ハーブバスなど、リラクゼーション&ヘルシー&ビューティーと、さまざまに利用できるのが魅力です。ハーブには古くから薬として利用された歴史があり、さまざまな効果が知られています。今日でも医療に活かす試みや、香りを利用したアロマテラピーなどが注目されています。人によっては体に合わないハーブもあり、医学的に有用性がはっきりしていない事柄もあって過信は禁物ですが、自分が心地よいと感じるハーブの香りは、心身ともにリラックスさせてくれる効果があるのは確かなようです。

カモミール、パイナップル・ミント

ティーでおなじみのミントとカモミール。春先の花壇を明るく彩ります。やさしい香りでリラックス効果抜群！

スイート・バジル

収穫したてのフレッシュなバジルの風味は格別。有害な活性酸素を抑制するポリフェノールも多く含まれます。

ジョチュウギク

「ハーブ」は日本でも古くから利用されています。これは、蚊取り線香で知られるジョチュウギクの仲間。

カモミール

アニス・ヒソップ

香りの高いハーブは、たくさんの昆虫も引き付けます。甘い香りのヒソップやカモミールから採れたハチミツは、香り高く美味。

What is Herbs?

ハーブってどんな種類があるの？

「分類」や「学名」という言葉に、「なんだかムズカシソウ……」と思わないで!
ハーブを理解する手助けとなるキーワードです。

正しい名前や分類を知ることは、上手に育てるためにも大切

「ハーブ」と呼ばれる植物はとても多く、形態や性質も多様です。店先に並ぶハーブ苗を見比べれば株姿の違いはわかりますが、これからどのように生長するのかという違いはわかりません。ハーブには草のように育つもの、木のように育つもの、ピークを過ぎれば枯れるもの、翌年も楽しめるものなどさまざまあります。

自分の目的に合うハーブをチョイスし、上手に育てるには、まずはハーブの全体像を知ることが大切です。ハーブに限らず、植物は、さまざまな方法で分類できます。

ハーブのいろいろな分け方

1. 植物分類(名前)で分ける
2. 生育サイクルで分ける
3. 自生する地域で分ける

植物は、植物分類学によって分類され、「学名」が付けられます。一方、生育や利用の違いなど、園芸的にも分けられます。また、自生地の気候型で分ける方法もあります。植物にとって快適な環境とは、生まれ育った環境といえます。植物には環境に対応する能力がありますし、適応するように改良された品種もありますが、自生地を知れば栽培の参考になるでしょう。

POINT 1 ハーブの名前

名前には、和名、英名、学名、品種名などがあります。
ラベルには、いくつもの名前が併記されていることがありますが、違いを理解しておきましょう。

ラベルの記載例

シソ科
LEMON BALM
レモンバーム　‘シトロネラ’
Melissa officinalis ‘Citronella’

初夏に小さな白花を咲かせる。レモンの香り。料理、ハーブティー、バスなどに利用。発汗作用がある。精油が在来種の2倍の品種。香りが強い。

カタカナ表記
日本で独自に呼ばれる「和名」のほか、学名や英名をカタカナで表記したもの。

学名
世界共通。植物分類学上の分類に基づいて命名され、国際的な規約にそってラテン語で表記する。

科名
学名を構成する「属」と「種」より、ひとつ上の分類階級。

英文字表記
欧米で一般的に呼ばれている、その種の「英名」のほか、「品種名」や日本での「流通名」など。

品種名
同じ種の中で、特に優れた特長を持っているものに付けられる名前。

ラベルには、名前以外にも重要な記載がたくさん。大切に保管しましょう。

POINT 2

ハーブの生育サイクルによる分類

植物の生態的特性や生育特性などによって、園芸的にグループ分けしたもの。育てるハーブを選ぶとき、手入れをするときには知っておきたい分類です。

草本類《そうほんるい》

いわゆる草花。やわらかい草質の茎がある植物。

一年草

タネから生長を始めて、1年以内に花が咲き、タネができると枯れてしまう※。

ハーブの多くは春と秋にタネまきできる。春は発芽率がよく育てやすいが、暑さを嫌う種などは秋にまき、春までに株を育てておくとよい。

春まき

寒さに弱い(非耐寒性)、寒さにも暑さにも強い(耐寒性、非耐暑性)の植物など

バジル／ナスタチウム／シソ／ボリジ／ディル　など

秋まき

寒さに強い（耐寒性)、寒さに強く暑さに弱い(耐寒性、非耐暑性)の植物など

ジャーマン・カモミール／コリアンダー／コーンフラワー　など

多年草《たねんそう》

宿根草《しゅっこんそう》とも呼ぶ。花が咲いてタネができても枯れずに生き残り、長年にわたって生長を続ける。

一年中葉が緑色のもの、冬は地上部が枯れるものなどがある。いずれも春には再び新緑が芽吹く。

耐寒性

寒さに強く、一般に戸外で越冬できる。

フェンネル／ミント／レモンバーム／オレガノ／ワイルドストロベリー　など

非耐寒性、半耐寒性

非耐寒性の種は寒さに弱いので、冬は室内に取り込むとよい。半耐寒性の種は、暖地では保温すれば戸外で越冬可能。

センテッドゼラニウム／メキシカン・スイートハーブ／レモングラス／ステビア　など

球根

多年性植物のうち、地下部や地ぎわが肥大して、養分を貯える器官を持つ植物。

植え付け時期の違いで春植え球根、秋植え球根と分類したり、肥大のしかた（リン茎、球茎、塊茎など)で分ける分類がある。

ガーリック・ソサエティ／チャイブ　など

木本類《もくほんるい》

いわゆる樹木。かたい丈夫な茎を持つ。

落葉樹

冬には葉が落ち、春になると新緑が芽吹く。

ハニーサックル／ローズ／ライラック　など

常緑樹

一年を通じて、葉色がほぼ変わらずに生長する。

ユーカリ／ラベンダー／ローズマリー／カレープラント　など

Tips 1

育てる環境で変わります

寒さに耐える性質が弱い植物を、非耐寒性植物と呼びます。耐えられる温度は、寒風があたるかなどの環境、植物の生長の度合い、水やりの管理など、さまざまな条件で異なります。また、本来は多年性でも、暑さや寒さに弱く一年草扱いとされるハーブもあります。

Tips 2

長く育てると木になる草も

多年性のハーブには、長く栽培するうちに茎が木のようにかたくなるものがあります。これを木質化（もくしつか)、または木化（もっか）と呼びます。同じハーブでも、多年草と分類されたり低木と分類されることもあります。

※花が咲くまでが長く、翌年か翌々年に開花するものは「二年草」として扱う。

What is Herbs?

どんな場所で育てたら…ハーブの好む環境は?

世界のさまざまな地で、人は、身近な自然の中にハーブとして利用できる植物を見つけました。だからこそ、ハーブのふるさとの自然環境は変化に富むのです!

好む環境はいろいろだけれど ほとんどは太陽と風が好き

はじめて育てるときは、「水は毎日必要？　肥料は？」などの、具体的な手入れに関心が向きがちです。もちろん、水や養分は植物が育つのに欠かせませんから大切な事柄です。ただし、植物が元気に育つためには、そのほかにも大切な要素がたくさんあります。

ハーブが育つために大切な要素

❶日あたり　❸風通し

❷水やり　❹温度

植物が生長するためには光が必要ですが、必要な光の量は植物によって異なります。強い光が必要な植物は、真夏に直射日光を浴びても元気なことが多いもの。弱い光が適する植物は、木もれ日くらいの弱い光で元気に育つ反面、夏の直射日光で葉が黄変したり枯れたりしがちです。

強光を好む植物が直射日光でダメージを受けないのは、茎や葉の表面が細毛で覆われているなど、光や熱から身を守るしくみを持っているためです。ただし、これは光の吸収効率を悪くする要因にもなり、弱い光で育てるとひょろひょろと軟弱な姿になってしまうのです。

植物にとって、風通しも大切な要素です。狭い場所に多くの鉢を並べたり、茂り過ぎて株元の風通しが悪くなっていたりすると、光や水が不足していなくても生育が悪くなります。逆に、日差しが強過ぎたり気温が高過ぎたり、その植物に好ましくない環境でも、風通しがよければダメージが少ないことも多いのです。

扇風機をあてたほどの強い風でなくてもかまいませんが、どんよりと空気がこもって停滞した環境はよくありません。葉の周囲の空気が常に動いている程度でよく、さまざまな方向から不規則に風が吹く状態が適しています。そのような環境では、植物の呼吸や光合成が促進されるだけでなく、葉の表面温度の上昇を防ぎ、根が水分を吸収するのを促す効果もあります。

ハーブが育つために大切な要素

POINT 1

ハーブの好む生育環境の目安

ハーブによって好む環境は違います。どの場所でどんなハーブを育てるか、水やりなどの手入れはどうするか、ハーブの好む環境を知って適切に管理しましょう。

栽培環境によって異なります。あくまで目安としてください。

植物はふるさとの環境が好き

「このハーブを育てたい！」と思ったら、まずは、そのハーブがどんな環境を心地よく感じるのかを考えてみましょう。育てるハーブに応じて適する場所を選び、適した手入れをすることが大切です。逆に「南向きのベランダで育てたい！」など、育てる場所に適するハーブを選ぶのも一法です。

植物が好む環境は、その植物が生まれ育った場所の影響を受ける傾向があります。地中海沿岸地方はハーブの歴史のはじまりといわれ、カモミールなど多くのハーブのふるさとです。この地は夏に雨が少なく乾燥しているのが特徴ですから、日本のジメジメした梅雨を嫌います。夏の高温多湿で蒸れて弱りがちなので、過湿にならないように管理することがポイントです。東南アジアなど熱帯地域は、レモングラスなどのふるさとです。日本の高温多湿の夏でも元気に生長しますが、冬の寒さに弱い傾向があり、冬越しに注意が必要です。

なお、植物は環境に適応する力も持っています。同じ種のハーブでも、品種の違いや生長によって、環境への適応力が異なる場合もあります。同じ場所でも、季節の違いや保温、遮光などの手入れが違えば、環境が変わります。日々植物の様子や環境をチェックして、栽培を工夫しましょう。

Growing Herbs

何から準備したらいい？用意するものは？

ハーブを育てるために、特別な準備は必要ナシ！　必要なものは、後から揃えてもよいのです。
まずは、元気で生き生きした苗を入手することからスタート！

苗の入手は吟味して手入れ用具は順に揃えましょう

本書では、鉢植えでハーブを育てる方法を中心に紹介しています。鉢植えも地《じ》植《う》え（庭など地に植えること）も、育て方の基本はいっしょです。

多くのハーブはタネから育てられますが、苗を入手して植え付ける方が楽です。苗が多く出まわるのは春と秋ですが、ほぼ一年中店先に並ぶハーブもあります。育てたいハーブが決まっている場合は、入手適期を逃さないようにしましょう。

さいしょに準備するもの

1 苗　3 土
2 鉢　4 用具

「はじめて育てるのだから、手ごろで小さな苗を…」と思っていませんか？　実は栽培ビギナーさんこそ、よい『材料』を用意するのがコツ。高価である必要はありませんが、よい苗を選び、適する大きさの鉢に、良質の土で植え付けましょう。ハーブは生命力が旺盛ですから、あまり手間をかけなくても、ぐんぐんと育ってくれるはずです。ところが、ほかの苗と比べて生長が悪い苗や、ひょろひょろと徒長した苗を育てるのはとても大変。よけいに手間がかかり、元気に育たないこともあるのです。

POINT 1 よい苗の選び方

元気で勢いのある苗を選ぶことが、じょうずにハーブを育てるための第一歩です。

NG

徒長した苗は避けた方が無難。日あたりが悪かったり、水切れや根詰まりなどがあったり、トラブルの心配がある。

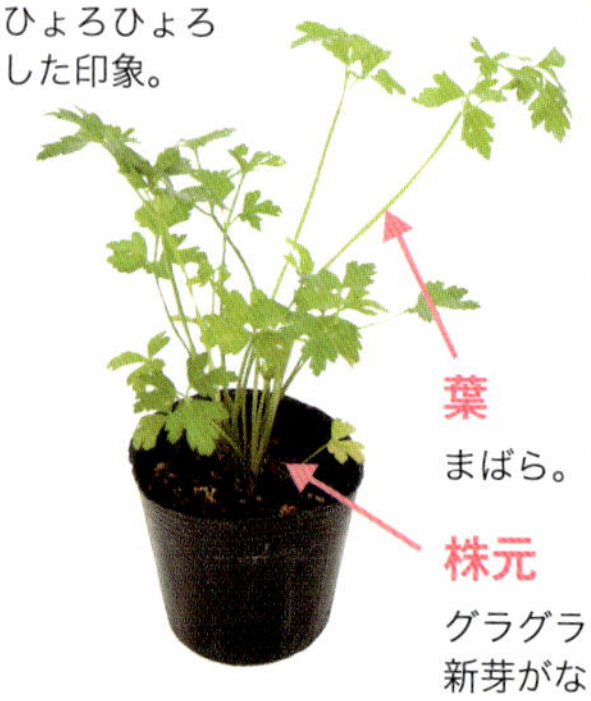

全体
ひょろひょろした印象。

葉
まばら。

株元
グラグラして新芽がない。

OK

がっしりして元気な苗を選ぶこと。

全体
生き生きとしてがっしりとした印象。

株元
グラグラせず、安定感がある。株元からたくさんの葉柄が出て、新芽も伸びはじめている。

色
どの葉も同じように濃い。

葉
たくさんの葉が密に付いている。みずみずしく、表面にツヤがある。

POINT 2 鉢のいろいろ

鉢売り場に出かける前に知っておきましょう。
選び方のポイントは、次ページでも紹介します。

鉢のサイズ

鉢の大きさは「号」であらわすのが基本（1号は約3cm）です。近頃ではさまざまな形の鉢が流通し、同じ号数でもサイズがやや異なったり、直径（cm）で表示されたりするケースも増えています。

× 3cm ＝ 15cm（直径）

鉢底ネット

鉢底の穴をふさぐためのネットを鉢底ネットといいます。底穴から土がこぼれ出るのを防ぎ、害虫の侵入を防ぐ効果もあります。

深さに注目

植木鉢には、深いものと浅いものがあります。

平鉢

直径の半分くらいの高さ（深さ）の鉢。浅鉢とも呼ぶ。

深鉢

直径よりも高さがある（深い）鉢。

POINT 3 土のいろいろ

鉢の中の限られた土でハーブを育てるのですから、
良質の土を用いることが大切。

市販の栽培用土

ハーブ用にブレンドされた用土もある。見た目の違いだけでなく、排水性などの性質も異なる。いくつか使って、好みの商品を選ぶとよい。

培養土とは

植物を栽培するのに適した土のことを、培養土（ばいようど）といいます。基本的には、赤玉土、腐葉土、バーミキュライトなどを必要に応じた割合でブレンドして用います。初心者は、あらかじめハーブ栽培用にブレンドされた市販の用土を用いるのが手軽でしょう。

POINT 4 揃えたい用具

自分なりに、使い勝手のよい道具を、少しずつ揃えましょう。
手になじんだ道具は作業効率をアップするだけでなく、
作業を楽しくしてくれます。

ジョウロ

先端のハス口がはずせるもの、片手で持ったときにもバランスのよいものを。

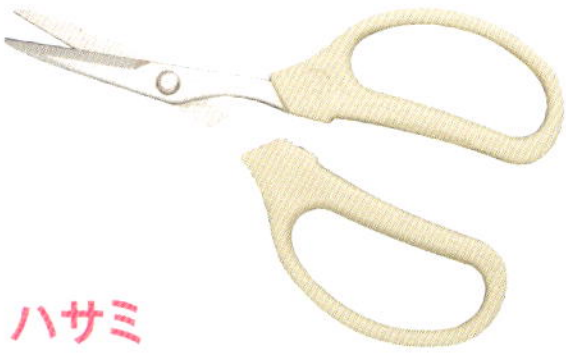

ハサミ

草本類のハーブの手入れには、刃が小さくて薄い芽切りバサミを。鉛筆よりも太い枝を切るときには剪定（せんてい）バサミを。

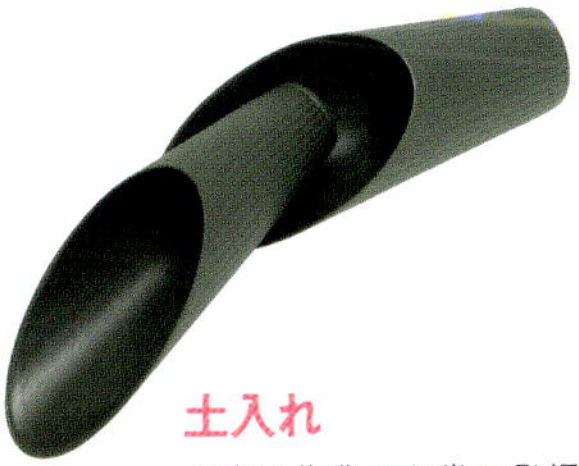

土入れ

本書の作業でも常に登場。スコップのように持ち手がなく、先端が細いので作業が楽。

Growing Herbs

基本の植え付けをマスターしましょう

苗を入手したら、さっそく植え付け！　黒いポリポットなどで育てられたハーブの苗は、「仮植え」の状態です。本来育てる場所に植え付けることを「定植」といいます。

ハーブの種類や苗の生長に応じて適した方法で植え付けます

ミントとバジルの育つ姿が違うことは、多くの方がご存知でしょう。ミントは小さな葉や茎がたくさん出て、全体にこんもりと育ちます。バジルはまっすぐに茎が伸び、枝分かれして育ちます。同じ種類でも、ローズマリーなどは品種によって直立タイプと、横に伸びるほふくタイプがあります。まずは、植え付けるハーブがどのような姿に育つかを、思い描いてみることが大切です。

植え付けるときに周囲にどのくらいのスペースをあけるか、どのくらいの大きさの鉢を選ぶのかなどは、そのハーブが生長する姿によって異なります。たとえば生育が旺盛《おうせい》でこんもり育つハーブは、広いスペースや、直径が大きめの鉢に。草丈が高くなるハーブは、花壇の後方や、深めの鉢に。順調に育つよう、適した植え付け方をすることがポイントです。ここでは、鉢植えを中心にコツを紹介します。

植え付けのコツ

1. 適したサイズの鉢に
2. 時期や苗の状態に応じて根鉢を崩す
3. ウォータースペースをとる

大きく育てたいからと、大き過ぎる鉢を選ぶのはよくありません。生長に応じて、ひとまわり～ふたまわり大きな鉢に順に植え替えた方が、細い根がたくさん出て生長がよくなります。ただし移植を嫌う種は、ある程度大きな鉢に植え、植え替え回数を少なくします。

ベランダなど限られたスペースで育てるときは、小さめの鉢を選んでもよいでしょう。切り戻し（↓31ページ）をすれば、コンパクトに育てられます。ただし根は増え続けるので、まめに植え替えが必要です。

POINT 1 ハーブに適した鉢を選ぶ

ハーブの種類や育てる場所によって、適した鉢を選びましょう。

素焼き鉢やテラコッタの鉢は、プラスチックの鉢より排水性がよく乾きが早い。乾燥ぎみを好むハーブ栽培には向くが、乾きが早いと水切れしやすいので注意。大きな鉢は、底にゴロ土を入れると排水性がよくなる。

イタリアンパセリなど生育が旺盛な種は、6号鉢にポット苗1株が目安。

POINT 2 苗の状態によって根鉢を崩す

根を少し崩してから植え付けると、
土と新しい根がなじみやすくなります。
ただし、崩さない方がよい場合もあるので注意。

崩す？ 崩さない？

移植できる種は、根鉢を崩してから植え付けます。

崩さない

おもに太根が伸びて細根が少ないタイプ。移植を嫌い、太根が傷付くとダメージが大きいので、根鉢を崩さずに植え付ける。生長がゆっくりなもの、根が少ないものも崩さない方が無難。

ex.ルバーブ

1 株の根元を持ち、ポットをそっと引き抜く。

2 少量の用土を入れ、株をすえる。

3 根鉢の周囲に土を足して植え付ける。

崩す

細いひげ根がたくさん出るタイプ。元気な苗を春に植えるときは、やや多めに崩してOK。勢いのある新根が、たくさん出てくる。株が弱っている場合や低温時は、崩す量を少なめに。

ex.レモンバーム

1 マット状になった底部分の根は、ハサミで切り落とす。

2 根を2/3～1/2ほどに崩す。

3 古土を落として植え付ける。

根《ね》鉢《ばち》って？

根とそのまわりに付いた土のこと

ポットから苗を抜き取っても、根がポットの形をしている。

地ぎわ 植物が土に埋まっている部分と、地上部分のさかいのあたり。

肩 根鉢の肩。

根鉢（ねばち） 根と土がかたまって、鉢の形をしている状態。

表土 土の表面部分。

POINT 3 鉢の縁まで土を入れない

土の量が多過ぎても少な過ぎても、植物にとってよくありません。
ウォータースペースを適度に確保しましょう。

地植えの場合は…

土を広めに掘って耕してから、まわりの土の高さと同じか、ほんの少し土を盛り上げて植え付けを。周囲より低いと、株元に水がたまって過湿や蒸れの原因になるので注意。

ウォータースペース

水やりをしたときに、いったん土の上に水をためるスペース。水がゆっくりしみ込むので、土の内部まで十分湿らせることができる。
6号鉢では1.5～3cmほど。

表土の高さ

ここまで土を入れる。

地ぎわの高さ＝表土の高さになるように。根が見えたり茎や葉が埋まったりしてはダメ。

Growing Herbs

どんな風に世話をしたらいい?

ハーブを育てるのに、むずかしいテクニックは必要ナシ!
ステキな香りを楽しみながら、毎日ごきげんうかがいをしてやりましょう。

植物の状態に応じた手入れが大切 まずは、よく観察すること

それぞれのハーブによって、必要とする世話は違います。「このハーブは、今、何をして欲しいかな」と、まずはよく観察しましょう。元気がないときは、日あたりや風通しなどの環境が合っていないのかもしれません。環境は気候や季節によっても変化しますから、日々チェックを。水やりはとても大切ですが、たくさん水を与えればよいわけではありません。一日の土の乾きぐあい、葉がしおれていないかなどを観察して、そのハーブが必要とする水の量を与えましょう。ハーブの生育に応じて、伸びた茎などを切ってやることも大切です。

欠かせない日々の手入れ

1. 環境&健康チェック
2. 水やり
3. 収穫&切り戻し

ハーブは水を少なめに与えた方が、がっしり育って香りが高くなる傾向があります。基本的な水やりをマスターしたら、それよりやや少なめにしてみましょう。同じハーブでも株の状態や季節によって、必要な水の量が異なるので慎重に。それぞれのハーブに適した水やりができるようになれば、ベテランガーデナーの仲間入りです。

POINT 1 水やりの基本

土の表面が乾いたら与えるのが基本。
水をやり過ぎて常に土がビシャビシャに湿っていたり、
うっかり水をやり忘れてしまったりはNG。

ウォータースペースに水がたまる様子をチェック

ウォータースペースとは、鉢の上縁と表土の間の空間のこと。いつまでも水がしみ込まないときは、根詰まりなどのトラブルが起きている心配が。

土の上にいったん水をため、土に水をゆっくりしみ込ませる。

鉢底穴から水が抜けて、水がなくなるまでの時間をチェックして。

鉢底から流れ出るまでたっぷりと

与えるときはたっぷりと。土を十分湿らせ、鉢内にたまった古い水や空気を洗い流すためです。

水やりのコツ

POINT 2

せっかく水をやっているのにしおれてしまった…
ということのないように。日頃の方法を見直しましょう。

ハンギングは重さを確認

土の表面を触って湿り気を確認したら、重さもチェック。土の内部までしっかり水が行き渡ったか確認を。

鉢受け皿に水をためない

いつまでも土がジメジメして悪い空気が鉢内に停滞し、根腐れの原因になりやすい。基本的には鉢受け皿の水は捨てること。

シャワーだけで安心しない

株の上からさっと水をかけただけでは、土が十分湿らない。特に葉が大きなハーブや茂るハーブは要注意。

収穫をかねて切り戻す

POINT 3

がっしりした株を育てるには、伸びた茎を切ること！
収穫するときは、切る位置に要注意。

たとえば…
ダメージ株を立て直すとき

下葉が落ちた株や老化した株を切り戻すと、新芽の生長が促されて若い元気な枝が伸びてくる。

弱々しい株姿になったローズマリー。思いきって短く切り戻す。

小さくなるが、適切に管理をすれば大丈夫。

新しく元気な枝葉が増え、がっしりとした株姿に復活！

たとえば…
こんもりした株姿に育てるとき

分枝するタイプは株が小さなうちに切り戻すと、茎葉が増えてこんもり育つ。

さし木をしたレモンバーム。

切り戻すと…

株元からたくさんに枝分かれして、こんもりと育つ。

そのまま育てると…
茎が長く伸びるが、枝分かれが少なく、弱々しい印象。

切り戻しって？

伸びた茎や枝を切ること

枝や茎を切ることを「剪定（せんてい）」といいます。生長を促す目的で枝や茎を切る場合は、一般に「切り戻し」といいます。また、新芽を摘む場合は「摘芯（てきしん）」と呼びます。

切り戻しをかねて収穫したバジル。１回めの収穫で新芽が２つ伸び、再び収穫して新芽が４つ伸びた。

Growing Herbs

肥料はいつ与える？害虫や病気が出たら？

どんなに愛情かけて育てても、害虫や病気は発生するもの。
あわてずに乗り切りましょう。

大切なのはタイミング 植物の変化を見逃さないこと

ハーブのふるさとの多くは、荒れた野や山岳地帯。栄養分が少ない土で元気に育つ植物たちですから、たくさんの肥料は必要ありません。もともと植物は、生きるのに必要な栄養分を自分でつくり出すしくみ（光合成）を持っています。人間の場合は生きるために栄養のある食事が欠かせませんが、植物にとって肥料は補助的なものに過ぎません。植物のいわゆる「主食」は、光、水、二酸化炭素なのです。その植物が快適と思える環境に置くことで、「主食」を提供するといえるでしょう。初心者ガーデナーさんは、植物に元気がないと、すぐに肥料不足や病気を心配しがち。まずは、環境や管理が適切かチェックしましょう。

ハーブを健康に育てるために

1. ハーブの好む環境&手入れを
2. 害虫や病気は早く発見・すぐ対処
3. 肥料は与え過ぎない

植物が生長するのに重要な養分は、窒素、リン酸、カリの成分で、「肥料の三大要素」と呼ばれます。これらは土の中で不足しやすいため、肥料として補ってやる必要があるのです。ハーブの場合は、生長期に少なめに補えばＯＫです。

病害虫が発生したら、早めに対処すること。風通しが悪いと、害虫が発生しやすくなります。また弱々しく育つと組織がやわらかくなって、病原菌が侵入しやすくなります。日頃からよい環境づくりを心がけ、異変は早めに見つけましょう。

POINT 1 ハーブの好む環境&手入れを

ストレスが少ない環境では活発に光合成を行って、肥料をたくさん与えなくても、元気な株に育ちます

生理障害に注意！

環境や手入れが悪く、生育に障害が出ることを生理障害といいます。株が弱っているときに、肥料を与えるのは禁物。まずは、病害虫が発生していないかなど、注意深く観察しましょう。

復活！
全体
色が濃く、がっしりした印象。
葉
厚みのある葉がたくさん増えた。
日あたりや風通しなどの環境を整え、適切な手入れをすれば、しだいに元気を回復する。
株元
新芽が生長した。
ダメージ株
全体
色が悪くひょろひょろした印象。
葉
茶色く枯れてきた。
日あたりと風通しの悪い場所で過湿ぎみに育てた株。
株元
小さな新芽が伸びている。
セージ

POINT 2

病害虫はすぐに対処を

香りのよいハーブは、病害虫にとっても魅力的。発生初期なら駆除も楽。早めの対処が肝心です。

新芽や葉裏に注意!

ぱっと見ただけではわかりにくい場所に発生しやすいもの。日頃から、害虫の付きやすい場所をよくチェックして。

対策 1 手や割りばしを使って

害虫退治でいちばん早く確実なのは、手で取ること。ティッシュペーパーでこすり落とすか、はしでつまんで駆除しても。分枝の多いハーブなら、害虫の付いた部分の茎葉は、どんどん切って捨てるのも一法です。株が元気なら、すぐに新芽が伸びてきます。

対策 2 テープを使って

テープを使えば、アブラムシなどの小さな害虫の駆除も楽。弱粘性のテープなら、植物を傷めません。

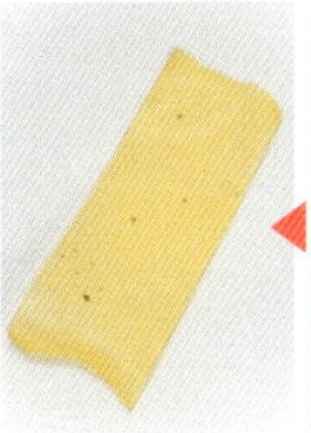

アブラムシの捕獲に成功！

接着面を軽く押し付ける。

ペンキ塗装などで使うマスキングテープ。

対策 3 食品成分を使用した薬剤を使って

早めに農薬の助けを借りるのも手。物理的に病害虫を退治する自然派志向のタイプなど、さまざまな商品が登場しています。

でんぷんなど食品成分でつくられた殺虫殺菌スプレー。化学殺虫成分不使用で、収穫まで何度でも使える。

対策 4 天然微生物の助けを借りて

天然微生物を利用する害虫退治は、野菜などの有機栽培の生産でも行われています。

有機農産物の栽培でも利用される薬剤。水で希釈してジョウロで散布。隠れて見つからない害虫にも、微生物パワーが効果を発揮。

ヨトウムシやアオムシは食欲が旺盛で、ひと晩で株を食べ尽くされるほど。駆除がとてもやっかい。

POINT 3

肥料はタイミングよく

生長に応じて少量でOK。生長を休む時期は与えません。

追肥（ついひ）

生長に応じて肥料成分を補うために与える。

効きめの早い液体肥料が手軽。効果が長く続かないので、生育旺盛な時期に限って与えられる。規定量を守ること。

元肥（もとごえ）

植物を植え付けるときに与える。

有機肥料や緩効性の化学肥料が向く。鉢植えでは、根が直接肥料に触れてもトラブルの心配がない粒状肥料が便利。

Tips 1 有機肥料と化学肥料 利点さまざま

有機肥料は基本的に生物由来の肥料で、栄養分の補給とよい土づくりに役立ちます。ただし養分はすぐに吸収されず、土の中で時間をかけて微生物に分解されてから吸収されます。堆肥（たいひ）や腐葉土（ふようど）も有機質ですが、農作物への養分補給としては効率が低いこともあり、土をよくする「土壌改良材」として用いられます。多肥を嫌うハーブでは、元肥として扱うこともあります。

化学肥料は植物が栄養を吸収しやすいように化学的につくられた肥料で、与えるタイミングや量を調節しやすいのが特徴です。無機質原料が主でしたが、人為的に有機物を合成することも添加することも可能になり、「生物由来」「天然由来」「天然成分配合」などの商品もあります。

Growing Herbs

お気に入りのハーブを増やしたい!

自分のまいたタネが土の中からひょっこり芽を出したとき、
さし木や株分けした株が根付いて新芽がぐんと伸びたときの感動といったらありません!

成功の秘訣は温度・光・水の管理

タネまきにおすすめなのは、バジルなど発芽が揃いやすく次々収穫できる一年草。広い場所でカモミールを育てたいなど、苗が多く必要な場合も向きます。苗が入手しにくい品種は、通信販売などでタネを求めて育てるのも楽しいものです。

株分けやさし木は、大きく育ったときに行います。親株と同じ性質の株がつくれるので、気に入った香りや花色の株を増やしたいときに向きます。長く育てて勢いが弱まった株を若返らせる効果もあります。

ハーブのいろいろな増やし方

1. タネまき
2. 株分け
3. さし木

いずれの方法でも大切なのは、作業適期（適温）を逃さないこと、根付くまで水切れさせないこと。そしてよく日にあてて、徒《と》長《ちょう》させずに育てることです。大事にし過ぎて根付いた後も窓辺や日陰で育てると、茎が細く葉と葉の間が間延びして、ひょろひょろとした株姿になってしまいます。これを「徒長」といい、いわばもやしのように育った状態です。苗の段階で徒長させると、回復がむずかしいので注意しましょう。

POINT 1 タネまきで増やす

育苗期間が短く次々収穫できるハーブ＆苗が多く必要なハーブは、タネまきにおすすめ。苗の入手がむずかしい品種は、通信販売などでタネを求めて育てても楽しいでしょう。

直まきで育てる

育てたい鉢や庭などに直接タネをまく方法を、直（じか）まきと呼ぶ。発芽率がよく育苗期間が短い種、セリ科など移植を嫌う種、群植で楽しみたい種などに向く。

間引き菜も利用を！

葉がとなりの株と触れあうようになったら、間引きを。家庭ではやや多めにタネをまき、間引き菜を味わいながら育てても楽しい。

ポットで苗を育てる

苗床にタネをまき、発芽後に移植して苗を育ててから、本来育てる鉢などに定植（ていしょく）する方法。発芽までに時間がかかる種や、発芽率が低い種などにもおすすめ。

❶ 平鉢や底穴をあけたイチゴパックなどを苗床にしてタネをまき、となりの葉と触れあうようになったら移植する。

❷ 葉をそっと持ち、垂直に植え付ける。

十分日にあてて
がっしりした株に
育てる！

❸ ポット上げ完了！苗ががっしり育ったら、本来植え付ける場所に定植を。

POINT 2 株分けで増やす

長く育てると新芽が増えて込み合い、古枝も枯れてきます。
鉢植えでは根が鉢内にいっぱいになり、土も劣化します。
増やすだけでなく、生育をよくするためにも必要な作業です。

ex.チャイブの株分け

株を分けるだけでなく、地上部も根も小さくします。なお、ミントのように地下茎で増える種は、地下茎ごと切り分けます。

切り戻してコンパクトに。

根をハサミで切り分ける。

鉢から株を抜く。

生長して、鉢がいっぱいに。

鉢に植え付けた時の様子。

POINT 3 さし木で増やす

枝、茎、葉など植物の一部を切って土などにさし、
根を出させる方法です。親株と同じ性質を持った株を、
早くたくさん増やすことができるのがメリット。

さし穂《ほ》って?

親株から切り分けた枝や茎

親株から切り、下葉などを落としてさし木をするために調整した部分を、さし穂（木本類の場合は穂木とも）と呼びます。

十分水を吸わせる

つくったさし穂は30分以上は水につけ、十分水あげしてからさす。

パイナップル・ミントのさし穂

節を付けて切る

発根（はっこん）する位置やスピードはハーブによって異なる。一般的には節から発根しやすいので、節を付けてさし穂をつくるとよい。

切り口は鋭利に

よく切れるハサミで切り、さらにさす直前に切り口を切り直すとよい。

充実した部分を使う

やわらかく未熟な茎はさしにくいので、生長が旺盛で充実した部分を利用する。

さし床《どこ》って?

さし木のために準備した場所

鉢や育苗トレーに、さし木に適した用土を入れて準備したものをさし床（どこ）、またはさし木床と呼びます。

適した用土

清潔で、通気性、排水性に富み、肥料分を含まない用土が適する。市販の「さし木用土」や、小粒の赤玉土と小粒のバーミキュライトを同量混ぜたものなどを用いる。

さし床の準備

鉢底ネットを敷き、8～9分めまで用土を入れ、十分に湿らせておく。先に、はしや竹串などでさし穴をあけてからさす。

Growing Herbs

寒さ&暑さ対策
四季の変化に応じた管理は?

冬の水やりの量は、夏の半分以下といってよいほど。
季節に応じた手入れで、ハーブ栽培をマスターしましょう!

Spring 春

ぐんぐん生長する時期 収穫しながら育てます

店先に若くて元気な苗が多く並び、購入にもよい時期です。ハーブの種類によって植え付けのコツが異なるので、本書などを参考にじょうずに植え付けましょう。

枝分かれして育つ種は、苗のうちに芽を摘むと、こんもりと育ちます。苗がまだ小さいから……という心配は無用。植物には「頂芽優勢《ちょうがゆうせい》」という性質があり、いちばん先端の芽が伸びていると、わき芽の出る勢いが弱くなります。春先に摘芯《てきしん》や切り戻しをすることで枝葉が増え、収穫量もアップします。草丈が高く育つハーブは、早めに支柱を立てておきましょう。

植え付け

スペースをゆったりあけて、上質な土で植え付けを。

害虫対策

気温の上昇とともに、害虫が発生しやすくなる。防虫ネットで覆って防ぐのも手。

Summer 夏

高温多湿で弱りやすい 切り戻して風通しよく

多くのハーブは冷涼で乾燥した気候を好み、日本の高温多湿が苦手。生長して茎葉が増えるといっそう熱がこもりやすく、熱帯夜が続くと夏バテ状態になってしまうのです。

猛暑を乗り切るには、まず風通しをよくすること。風通しのよい場所で育てるのはもちろん、茎をすいて（間引いて）株元に風が通りやすくします。このとき思いきって地ぎわから3～5cmほどに短く切るのがコツ。伸び過ぎた茎も切り戻し、コンパクトに整えます。また、鉢植えは花台に乗せたりスノコを敷いたり、地面からの照り返しの高温を防ぐことも大切です。

切り戻し

株元が蒸れると下葉が枯れ上がる。梅雨前に枝すきと切り戻しを。

暑さ対策

ベランダなどでは照り返しを防ぐため、スノコや人工芝などの上に。

Autumn 秋

猛暑が去って再び元気に冬支度は遅れないこと

暑さが苦手なハーブたちも、秋の涼しい風が吹く頃には再び元気を吹き返します。収穫をかねて切り戻し、新芽の伸長を促しましょう。

一方、日本の猛暑にも負けず元気に生長していたレモングラスなど熱帯産のハーブたちは、そろそろ生長を休みます。地植え株は鉢に掘りあげ、切り詰めて室内に取り込む準備を。ミントやセージなど寒さに耐える多年草も、秋が深まる頃には大きく育って姿が乱れます。株元には小さな新芽が出ているはずですから、地ぎわから出る元気のよい新芽のすぐ上で枝を切り、腐葉《ふよう》土《ど》などで覆って冬の到来に備えます。

切り戻し

株元から出る元気な新芽を残して短く切り詰め、冬越しの準備を。

鉢上げ

寒さに弱いハーブは株を掘りあげる。切り詰めや株分けをしてから鉢に植え付け、軒下や室内で管理を。

Winter 冬

水やりはぐっと少なくてOK 霜によるダメージに要注意

気温が低くなると植物の生長がゆっくりになり、水の蒸発も少なくなります。水やりの回数は、ぐっと少なくしてOK。特に生育適温以下の環境で育てる場合には、乾燥ぎみに管理するのがコツです。

比較的寒さに強いハーブも、霜や霜柱の害に注意。霜柱で根が浮き上げられたり、株元が凍ったり溶けたりをくり返すことで枯れることがあります。株元をワラや腐葉土などで覆って（マルチングして）保温しましょう。寒さに弱いハーブは室内に取り込むか、ビニールや「べたがけシート」などの不織布で覆い、寒さから守ります。

防寒の工夫

ビニールで覆うときは、支柱などを利用して植物に直接触れないようにする。熱がこもらないよう、暖かい日の日中ははずすとよい。

霜柱や寒風から守るため、短く切り詰めた株の上から不織布や防寒ネットで覆う。

大きな鉢に入れて「二重鉢」に。隙間にエアパッキンを入れると、いっそう効果大。

古毛布やフリースは鉢に巻いて保温するほか、細長く切って株元の土を覆うマルチングにも利用できる。

Tips 1

温度計&湿度計でまめにチェックする習慣を

ハーブによって、暑さや寒さに耐える性質が異なります。じょうずに育てるためにも、日頃から気温のチェックをする習慣を付けたいもの。植物にとっては、日中と夜間の気温の差も大切です。

おすすめは、現在の温度・湿度と一日の最高・最低が表示できるタイプ。その上、離れた場所も同時にはかれるコード付きなら、気温と株元の温度などをチェックできて便利です。

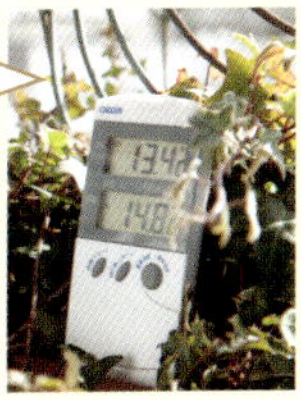

棒温度計よりデジタルが楽。

シャキッパリッと風味UP!

収穫したら すぐに水あげを

収穫したハーブは、すぐに水につける習慣を付けましょう。

せっかく風味豊かな採りたてハーブも、しんなりとしおれていては風味半減。たっぷりの水にしばらくつけ、水をよく吸収させましょう。シャキッとして口あたりがよくなるだけでなく、細かいゴミや虫なども落とせます。十分吸水できたら、水気をよく切ってから利用を。

花束やアレンジにする場合も同様です。バケツにたっぷりの水を入れ、切り口を水の中で新しく切り直す「水切り」をすると、水が吸水されやすくなります。

あらかじめしっかりと水あげしておけばハーブがいきいきとした表情になり、花もちもぐんとアップします。

たっぷりの水につけ、汚れを落とし、シャキッとさせましょう

料理に使う前にはたっぷりの水にひたし、汚れを落としてシャキッとさせて。生食はもちろん加熱して利用する場合も、歯ごたえと風味が断然違います。

収穫したバジル。

葉をちぎり、ひたるほどのたっぷりの水につける。

土ぼこりやアブラムシなどが落ちる。

軽く洗い、ザルにあげてざっと水を切る。

残った水気をペーパータオルでふき取る。

切り戻しをかねて長く切ったときは、キッチンの花びんにいけても。

十分水あげしておけば、長くいきいきとした表情に。

Growing Herbs

狭いスペースでたくさん育てるコツは?

広い庭がある方はもちろん、狭いスペースでもハーブは育てられます。
小さな庭やベランダでも、ぜひハーブ栽培を楽しんで!

栽培スペースをじょうずにデザインすること

思うままに株を増やしていくと、すぐにスペースがいっぱいになってしまうもの。計画的にスペースを活用しましょう。

狭い場所で育てるポイント

1. 品種や植え付け場所を吟味
2. コンパクトに仕立てる
3. 寄せ植えにする

庭植えでも鉢植えでも、大きく育つ植物は後方に、小さな植物は手前に植えるのが基本です。ただしベランダでは、室内からのながめが植物にとって日差しを背にした向きになることも考慮して。

たくさんの植物を狭い場所で育てるには、次のページから紹介する、寄せ植え仕立てにするのもおすすめです。育ち過ぎると風通しも悪くなりますから、まめに切り戻しをしてコンパクトな株姿に育てましょう。

庭に大鉢を埋め込むと花壇の中に高低差がうまれ、場所を効率的に活用できて手入れも楽に。

大きく育つラベンダーも、まめに切り戻しをしてコンパクトに仕立てれば、小さなガーデンにマッチ。

パセリやミントなどは、花の美しさを引き立たせる「カラーリーフ」として組み合わせたデザインもおすすめ。

後方には草丈の高くなる植物を、手前に草丈の低い植物を配置するのが基本。

Combining Plants in Pots

寄せ植えでハーブ栽培を楽しみましょう

庭がなくても、狭いスペースでも大丈夫。
コンテナにいくつものハーブを寄せ植えすれば、
収穫の楽しみが倍増です！

いくつもの植物をひとつのコンテナ（鉢）で育てる栽培方法を、「寄せ植え」といいます。生長するとお互いがナチュラルに調和して、いっそう魅力的に。コンパクトに育つので、狭いスペースでもたくさんの種類が楽しめます。花と組み合わせたり、「お料理用」「ティー用」など目的別に組み合わせても楽しいでしょう。

一種類の収穫できる量は多くありませんが、家庭でちょっと使うにはむしろ適量かもしれません。生育が旺盛なハーブは、すぐに茂り過ぎてしまいます。ミニハーブガーデンを美しく保つためにも、せっせと収穫して、日々のくらしに活用しましょう。

大きなコンテナなら季節の花や大型ハーブものびのびと

大型コンテナを使えば、地面に土を盛って高い位置につくるレイズドベッド（高床花壇）と同じように楽しめます。小さな鉢をたくさん並べるよりも水やりなどの手間がかからず、小鉢ほどすぐに根詰まりすることもありません。

キッチンハーブをバスケットにギュッと詰め込んで

冬は生長がゆっくりなので、たくさんのハーブとミニハボタン、ビオラを組み合わせてにぎやかに。春になったらミニハボタンを抜いてスペースを確保すると、ハーブが元気に育ちます。

POINT 1

土がない場所でも楽しめる

寄せ植えなら、ベランダやテラスなど土がない場所でもOK。自分好みのハーブを組み合わせて、ナチュラルに育つハーブの景色が楽しめます。

キッチンに近いベランダなら、必要分だけ収穫するのも楽ちん。

POINT 2

ちょっとずつ たくさんの種類が収穫できる

同じスペースでも、寄せ植えならたくさんの種類を育てられます。少しきゅうくつなくらいに植え、収穫をかねてどんどん切り戻しながらコンパクトに育てるのも手。

一年草の苗をたくさん植え付けて、ワンシーズンを堪能。

POINT 3

手入れや管理が楽!

小さな鉢をたくさん並べるとおしゃれでステキですが、水やりや植え替えなどの手入れをまめにしないとなりません。大きめのコンテナの方が、日々の手入れは楽。

水やり

大きなコンテナの方が、小鉢より水やりの回数は少なくてOK。

センスよくハーブコーナーを飾るのは楽しみですが、まめな手入れも必要。

収穫

地植えだと広がりすぎて管理が面倒になりがちな、タイムなどの手入れも楽。

POINT 4

小さな庭にも応用を

寄せ植えをつくるときの植物の組み合わせ方や仕立て直しなどの方法は、スモールガーデンでもぜひ参考に。また、花壇がある場合も、コンテナを置いてハーブを育てると、管理が楽になります。

奥行きが狭いとデザインが単調になりがち。寄せ植えをつくるつもりでバランスよく配置すれば、たくさんの種類が育てられる。

コンテナを花壇に⅔ほど埋めておけば、水やりの回数も減って管理が楽。

Combining Plants in Pots

キッチンハーブで基本をマスター①

パセリやバジルなど、おなじみのハーブを寄せ植えに。
ナスタチウムの鮮やかな黄色の花が、料理に彩りとピリッとした辛みをプラスします。

まずは、角形コンテナをつかって、基本のつくり方を紹介しましょう。寄せ植えのデザインがしやすく、ベランダなど奥行きが狭い場所にも置くことができます。

植え付ける株と株の間のことを、株間《かぶま》といいます。花壇に植えるときはハーブがのびのび育つように、株間を十分にとります。寄せ植えでは株間を狭くしますが、狭過ぎると生長するスペースがなくなってしまいます。植え付けたときは、少し寂しいかな…と思うくらい、株間をあけましょう。ハーブは生長が早いので、すぐに土が隠れます。

生長する姿を思い描いて組み合わせる

同じくらいの大きさの苗も、植え付け後に育つ姿はさまざま。生長後の姿を思い描いてデザインを決めましょう。
大きく育つハーブはコンテナの後方、小さなハーブや這（は）うように育つハーブはコンテナの手前に配置します。

植物

草丈の高いもの、低いものを組み合わせると、全体のハーブが調和して一体感が生まれる。

大きく育つハーブ

葉が四方に広がって育つので、まわりに生長するスペースをあけて配置する。

イタリアンパセリ

こんもり育つハーブ

イタリアンパセリよりもやや葉の広がりが小さいので、その手前に。

パセリ

直立して高く育つハーブ

後方に植え付けるのが基本だが、ここでは後方とやや手前の2ヶ所に。後方の株は大きく育てるが、手前の株は新芽を摘み取る収穫用。

バジル

這うように育つハーブ

手前中央に配置。這うように広がり、コンテナから垂れ下がって育つ。

ナスタチウム

コンテナ

幅60cm×奥行き25cm×深さ28cmのウッドコンテナ。土がたっぷり入るので、途中で足りなくならないように準備を。

苗をポットのまま仮置きして、デザインを確認する。

ポットから苗を抜く。株元を持ち、ポットの下をつぶすようにしながら引き抜くのがコツ。セリ科のハーブは移植を嫌うので、根鉢は崩さないままでOK（詳しくは29ページに）。

続きは次ページ

check up!

縁まで用土を入れないこと

コンテナに植え付けるときは、株を配置しながら土を足していきます。さいしょにたくさん土を入れてしまうと、土があふれてしまうので注意を。

さいしょに縁まで土を入れるのはNG。

花壇のように穴を掘って苗を植えようとすると、根鉢の分の土があふれてしまうことに。

Planting Herbs

1 植え付けの準備&デザインを決める

コンテナの底穴を、鉢底ネットでふさぐ。

ネットが動かないように押さえながら、ゴロ土をふた並べくらい入れる。

Key Word

ゴロ土って？

ごく大粒の土のこと。排水性をよくする役割があり、「鉢底土《はちぞこつち》（石）」などの名で売られています。コンテナが小さい場合は、少しでも多く土を入れた方がよいので、ゴロ土は入れなくてOK。

用土を少量入れる。

表面を軽く平らにならす。

Combining Plants in Pots

キッチンハーブで基本をマスター②

前ページから続く

2 株元が同じ高さになるように植え付ける

コンテナの後方やや中央よりに、イタリアンパセリを配置。

表土の高さが、コンテナの縁から2〜3cm下になるように調節する（あとで地ぎわまで土を入れるので、地ぎわの高さ＝表土の高さになる）。

手前右に、パセリを配置。

どの株も地ぎわが同じ高さになるように、根鉢の下の土の高さを調節する。

手前中央に、ナスタチウムを配置。

3 分けられる苗は分けて植える

バジルの幼苗は、1つのポットに数本の苗が育っている状態。

ポット苗の株元

10本近くの苗が育っていることがわかる。このまま植え付けると、どの株も貧弱に育ってしまうので、株を分けて植え付ける。

茎葉を傷めないように注意して、ポットから株をそっと抜く。

自然に株が分かれる場所に、指を立てるようにして根を分ける。

根を軽くほぐしながら、引きはがすように。

表土を平らに整える。指の腹で軽くなでるように。

完成

たっぷりと水を与えて、植え付けの完成。数日は半日陰に置き、その後はよく日のあたる場所で管理を。手前のバジルは、先端の芽を摘む摘芯をすると、草丈が低く分枝が多く育つ。

上から見たところ

土が見えて少し寂しい印象だが、すぐにハーブが茂って覆い隠すので大丈夫。

キッチンに飾れる器に植えても楽しい！

check up!

本来は日なたを好むハーブたちも、明るい窓辺なら育ちます。数日なら日陰でもOK。陶器やブリキなどに寄せ植えしてキッチンの窓辺に置けば、すぐに調理に使えて便利です。

ちょっとあれば重宝するタイム、飾り付けや彩りに使えるパイナップルミントなどを、陶製の器に寄せ植えして。

弱々しい芽を間引き、2～3本ずつにする。

手前と後方に、株を配置する。

4 隙間がないように土を入れる

葉を手で避けながら、用土をプラスする。コンテナの向きを変えて、後方にもしっかり用土を足しておくこと。

株元を軽く押さえて株を落ち着かせる。

コンテナの片側を少し持ち上げて1～2回トントンと落とし、根と土をなじませる。

Combining Plants in Pots

長く楽しむ寄せ植えづくりのコツ

季節の花を入れ替えて楽しんだり、
茂り過ぎてバランスを崩しがちなハーブは
鉢に植えて埋め込んだり。ちょっとしたコツで、
寄せ植えが長く楽しめます。

ハーブにも花が美しい種は多くありますが、咲くまで時間がかかったり、開花期が短かったり。いつも色鮮やかな寄せ植えを楽しみたいなら、草花苗を組み合わせてみましょう。ハーブの美しい緑が季節の花を引き立てて、見てキレイ、食べてオイシイ寄せ植えに。花のピークが過ぎたら別の花にチェンジすれば、長く楽しめます。

ただし、本来はどれもひと鉢にひと株で十分なほど、生育旺盛な植物たち。込み入った茎葉をすいて風通しをよくし、伸び過ぎた茎を切り戻すなど、姿を整えながら育てます。茂り過ぎるハーブは、小さな鉢に植えて鉢ごと埋め込むと管理が楽です。

POINT 1

草花苗をチェンジして変化を楽しむ

次々と花が咲く草花苗を組み合わせれば、いつも色鮮やかな寄せ植えに。ここではローズマリー、セージ、タイム、ワイルドストロベリー＆草花苗を組み合わせました。花が違うと雰囲気も変化しますから、花のピークが過ぎたら別の花にチェンジして楽しみましょう。

バリエーションA

ベビーピンクのビンカを合わせてキュートに

次々と花が咲くことから「ニチニチソウ」の名もあるビンカ。淡いピンクの花はワイルドストロベリーの果実ともマッチして、キュートな雰囲気に。

バリエーションB

ダブルのペチュニアがゴージャスな大人顔

多年性タイプのペチュニアの仲間は、サフィニアをはじめ雨に強い品種が多く登場しています。八重咲き品種は、一輪でもボリューム感たっぷり。

バリエーションC

ミリオンベルが軽やかさをプラス

ミリオンベルは多年性タイプのペチュニアの仲間。丈夫な小輪多花性種で、軽やかな雰囲気に。

基本の植え付け

ハーブをバランスよく植え付けて、手前に花苗を配置します。花の盛りが過ぎたら別の花に植え替えればOK。ただし、長く育てると鉢の中にハーブの根がいっぱいになりますから、一年ごとに全体の植え替えを。

Planting Herbs

1 広がるハーブは鉢に植える

コンテナは約幅80cm×奥行き35cm×深さ32cm。カモミール、チャイブ、サラダバーネットなどのハーブ、ニコチアナなどの花苗を用意。

レモンバームを、5号鉢に植え付ける。

半分くらいに切り戻しておくと、枝数が増えてこんもりと育つ。

2 コンテナ後方から植え付ける

いちばん大きく育つフェンネルをコンテナ後方に配置する。

それぞれの株の生長するスペースをとり、株元の高さが同じになるように、土を足しながら植え付ける。

後方にあけたスペースに、鉢植えのレモンバームを埋め込む。

完成

隙間がないように十分土を入れ、たっぷりと水を与えて完成！

POINT 2

コンテナの中に鉢を埋めて管理を楽に

ミントやレモンバームなどは、地上部の生長はもちろん根の勢いも強く、どんどんほかのハーブのスペースを駆逐します。あらかじめ小さな鉢に植えておけば、それ以上は根が広がらないようにできます。

高低差のあるハーブを組み合わせると、ガーデンの景色に奥行き感が生まれます。生育が旺盛でバランスを崩しやすいハーブは、鉢植えにして中に埋めると、管理がしやすくなります。

Combining Plants in Pots

大きなコンテナで花壇風に楽しむ

大きめのコンテナを使えば、アプローチやテラスなど、土がない場所でも花壇に植える感覚で楽しめます。ハーブといっしょにミニトマトやサンビタリアなど季節の花も植え付けて。

ここに花壇があったら……と思う場所はありませんか。そこに大きなコンテナを置いて寄せ植えすれば、瞬時にスモールガーデンのできあがり！

大きなテラコッタのコンテナは、見た目はよいのですが扱いに注意が必要です。そっくりにつくられた樹脂製なら割れる心配がなく、女性が片手で持てるほどの軽さ。ただし土を入れると重くなるので、設置場所にすえてから植え付けましょう。

同じサイズのポット苗を植え付けたとしても、それぞれが生長する早さや育つボリュームが違います。育ったときの見た目のバランスを考えながら植え付けましょう。

POINT 1

**デザインに変化が生まれ
スペースを立体的に使えるのも魅力**

大きなコンテナを使えば、背後にトレリスを立ててハニーサックルやバラを絡ませたり、支柱を立ててミニトマトを収穫したりと、楽しみも広がります。

Planting Herbs

1 コンテナと苗を準備

幅90cmのコンテナ、ハーブや草花苗を準備する。

2 ゴロ土を入れ、用土を入れる

底穴をネットでふさぎ、コンテナの深さの1/5ほどゴロ土を入れる。

8分目くらいまで用土を入れる。

角形コンテナは隅に土が入れづらく、隙間が残りがち。手で軽く押し込み、しっかりと土を入れておく。

どの株も、地ぎわが同じ高さになるように最終チェック！

隙間が残らないように土を足し、しっかりと植え付ける。

3 奥から手前の順に植え付ける

ポットのまま苗を置き、デザインを確認する。

後方にミニトマトを配置。コンテナが大きいのでウォータースペースを多めにとる。地ぎわの高さが、コンテナの上縁から４～６cmほど下になるように。

中央手前にセージを配置。

株が倒れないていどに土を足しながら、奥から手前の順に株を配置していく。

バジルは生長の遅い苗を間引き、２本立てにして植え付ける。

4 支柱立て&芽欠き

ミニトマトの支柱を立てる。

コンパクトに育てるため、わき芽は小さなうちに根元から折り取り、主枝１本仕立てに。

完成

たっぷりと水を与えて完成。生長が早い植物ばかりなので、切り戻しや追肥をしながら育てよう。

Caring for Containers

長く楽しんだコンテナのリフォーム

寄せ植えのハーブは、切り戻しをかねてまめに収穫を。そして毎年植え替えを。コンテナの中も根がいっぱいになって、生長が悪くなってくるのです。

どんなにじょうずに管理しても、コンテナの中の環境がだんだんと悪化するのは避けられません。切り戻して地上部の姿を整えても、地下の根は増え続けます。新しい根が伸びるゆとりがないと生育がにぶり、水切れや根腐れなどのトラブルを起こしやすくなります。

用土もしだいに劣化します。水やりをするたびに土の粒が細かくなり、通気性、排水性なども悪くなってくるのです。

植え替えのタイミングはコンテナの大きさや植物によって違いますが、基本的には毎年植え替えてやりましょう。

POINT 1

植え替えが遅れると生長が悪くなる

鉢の中が根でいっぱいになると、ハーブの生長が悪くなってきます。一見、新芽や若葉が順調に育っているように見えても要注意。また、寄せ植えした植物はどれも同じくらいのスピードで同じように茂ってくれればよいのですが、そうもいきません。

寄せ植えのバランスが崩れてきたら株を掘りあげて分け、新しい用土で植え直します。

ローズマリー

茎が細くて弱々しく、葉が落ちたりまばらだったり見栄えが悪い。

植え替えが遅れた寄せ植え

タイム

ほとんどの葉が落ち、タイムがあったこともわからないほど。かろうじて伸びた新芽は、色が淡く弱々しい。

オレガノ

葉色はきれいな緑色で、生き生きとした印象。花も咲いていて、いちばん元気。ただし株元は木化して込み入っている。

株元の木化した茎の多くは細くて弱々しく「枯れ枝状態」。表土は枯れた枝や根などで覆われている。これでは水やりをしても水がしみ込みにくく、水切れを起こしやすい。

株元

株元をよく見ると…

上から

上から見ると、オレガノの若葉がきれいな緑色で元気に育っているような印象も。

古土を⅓ほど落とす。

3種とも、同じように整理する。

3 新しい土で寄せ植えする

株が茂り過ぎるのを防ぐため、オレガノとタイムは小鉢に植え付ける。

後方のローズマリーから配置する。地ぎわの高さが手前のオレガノの地ぎわの高さとだいたい同じくらいになるように、土の量を調節。

根鉢の小さなラベンダーのポット苗をすき間に配置し、土を足して植え付ける。

完成

たっぷりと水を与えて完成。ローズマリーは、株元の新芽が伸びてきたら弱々しく育った古枝を根元から切り戻すと、若枝が増えて株姿が整う。

POINT 2

全体をコンパクトにして新しいハーブをプラス

株分けをして植え替えるだけでは、ひょろひょろとした株の姿はそのまま。全体を短く切り戻しておくと、新芽の生長が促されて老化した株の若返りがはかれます。花がきれいなハーブをいっしょに組み合わせれば、こんもりと育つまでの間も寂しくなりません。

ちょうど花が咲きはじめたラベンダーのポット苗をプラス。

Planting Herbs

1 切り戻す

オレガノは、草丈の1/3ほどに切り揃える。

2 株を分ける

掘りあげるか、全体の根鉢ごと抜く。

たがいの根がからみあって分けにくいので、少しずつハサミで切り分ける。

かたまった土や根を割りばしなどでほぐし、古根や切れた根を取りのぞく。

Column

たくさん収穫したときは

ドライ&フリージングで保存を

愛情と手間をかけて育てたハーブだからこそ、
とことん利用したいもの。すぐに利用できない分は、
ドライやフリージングで保存しましょう。
収穫適期がずれる花や果実も少しずつ保存しておけば、
必要な分がたまってから利用することができます。

ポプリやクラフト、ティーに調理に

ドライ

自然乾燥

ユーカリ

束にして風通しのよい場所に逆さに吊るす。葉だけを使うときは、乾燥させてから枝をしごくとかんたんに取れる。

レモンバーベナ

ざるや浅い空き箱に広げ、風通しのよい場所で乾かす。十分に乾燥したら、シリカゲルなどを入れた密閉容器で保存を。

葉が長いレモングラスは、そのまま乾燥させると扱いがやっかい。ティー用は短く切ってから、ハーブバス用は折り曲げて束ねてから乾燥させると使い勝手がよい。

電子レンジで

表面が乾いてきたら裏返し、再び加熱する。ほぼ乾いたらざるや空き箱に並べ、風通しのよい場所で完全に乾燥させる。

バジル

耐熱皿にキッチンペーパーを3～4枚重ねて置き、間をあけて葉を並べ、30秒ずつ様子を見ながら加熱する。

ローズマリーやタイムを少量使うときは、茶封筒に入れても。様子を見ながら1～2分加熱し、袋を振ってカサカサ乾いた音になったらOK。もむだけで細かくなるので、口あたりが気になるパンケーキなどに便利！

色が変わらず、手間いらず

フリージング

レモングラスや刻んだパセリ、チャイブなどは、保存袋の中の空気をできるだけ抜いて冷凍すると風味が逃げにくい。

花の付いたメキシカン・スイートハーブなどは、空気を入れてふわっとした状態で冷凍すると、花もきれいに冷凍できる。

写真はいずれも半年以上冷凍保存したもの。じょうずにフリージングすれば、花や果実も長くきれいに保存できます。

カモミールの花

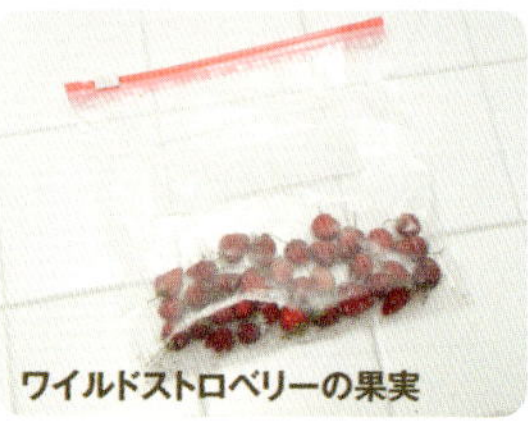

ワイルドストロベリーの果実

フェンネルの花

2章

品種別
ハーブガイド

Herb Selection Guide

アロマティカス

Coleus aromaticus

科名 シソ科

別名 キューバオレガノ、スープミント、インドミント

葉は厚みのある多肉質で、やわらかい白い軟毛で覆われます。よく日にあてると、ふんわりとした葉姿に育ちます。

DATA

- 日あたり
- 水やり　やや控えめを好む
- 草丈　5～30cm
- 分類　多年草（非耐寒性）
- 増やし方　株分け、さし木
- 利用部位　葉

愛らしい葉姿でさわやかな香り。生育が旺盛で育てやすいのも魅力。観葉植物としても扱われ、雑貨店などでも見かけるようになりました。

どんなハーブ?

ベルベットのようなふんわりした手触りで、ミントに似たさわやかな香りがします。ころんとした丸い葉姿も愛らしく、見ているだけで心がなごむよう。

日本では比較的新顔の植物ですが、海外では、お菓子や紅茶などの風味付けやリキュールの材料として知られます。コンパクトに育ち、丈夫で増やすのもかんたん。窓辺でも楽しめますから、初心者にもおすすめです。

育て方のポイント

日なたを好みますが半日陰でも育ちます。葉姿が愛らしく、株が小さなうちから収穫して利用できるので、小鉢仕立てやハンギングバスケット仕立てにしてもよいでしょう。

水は控えめを好みます。特に日あたりが悪い場合や気温が低い時期は、水をやり過ぎると株が軟弱になり、根腐れを起こしやすいので注意。さし木が容易で根付くまでが早いので、ほかのハーブの鉢の根元にさしてもよいでしょう。寒さに弱く冬は5℃以上必要なので、屋内に取り込みます。

栽培カレンダー

Gardening Tips

詳しくは次ページ

長く育てると茎が木化します

しだいに株元が木化し、株姿も乱れます。さし木をして、形のよい株を新たにつくりましょう。

新芽を切ってさし木で増やそう。

茎が茶色く木のようにかたくなることを木化と呼ぶ。

生長が早く、ぐんぐん育ちます

茎が長くなると倒れるので、思いきって収穫をしましょう。

❶ 生長期には、1ヶ月ほどで再びこんもりする。

Guide to Uses

▶フェイシャルスチームや足湯に利用すると、肌も気分もさっぱりし、呼吸器系のトラブルをやわらげる働きも。

栽培メモ

◉適した場所

日のあたる場所を好むが、半日陰でも育つ。日あたりが悪いと間延びして軟弱になり、葉が薄く軟毛も少なくなって、ふんわりした葉の質感が楽しめない。

◉水やり

やや控えめを好む。春から秋は、土の表面が乾いたらたっぷりと与えるが、日あたりが悪い場合や気温が低い時期は、土の表面が乾いてから1～3日後に与えるくらいでよい。水が多過ぎると根腐れを起こしやすいので注意を。

◉病害虫

比較的少ないが、風通しが悪いとカイガラムシ、アブラムシ、イモムシ、多湿だとナメクジの被害にあうことがあるので注意。

◉植え付け

コンテナで育てるのがおすすめ。根は深く張らないので浅めのコンテナでよい。排水性のよい用土を用いること。

◉肥料

春に元肥として緩効性肥料を与える。春から秋の生長期には、追肥として薄い液肥を与える。

◉作業

葉の数が増え過ぎると株元に日光が差し込まず、蒸れて葉の色が悪くなったり落ちたりする。込み入った部分は間引き、植え替える。冬は5℃以上必要なので、屋内へ取り込む。ベランダなど寒風のあたらない場所で水を控えめにすれば、0℃近くの低温にも耐える。

収穫&利用のコツ

生育が旺盛で、苗が小さなうちから収穫できます。茎を長くし過ぎると倒れて株姿が乱れます。春から秋の生長期は、どんどん収穫して利用しましょう。

- 葉を刻んで少量サラダに加えると、ミント風味でサクッとした食感をプラス。
- 若葉を紅茶に1～2枚浮かべると、さわやか風味のハーブティーに。
- ジンやホワイトリカーに漬けて、すっきり風味のリキュールに。
- 浴そうに浮かべれば、見た目に楽しく香りも楽しめる。熱湯をそそいだ蒸気のフェイシャルスチームも、肌がさっぱりします。

見た目もキュート！　夏はミントオイルを1～2滴垂らすと、爽快感倍増で汗を抑える効果も。

アロマティカスの植え替え&さし木

生長が早く、茎が伸びると倒れます。
まめに収穫して、株姿を整えましょう。
株元が込み入ってきたら、株分けします。
切った葉茎を利用してさし木で増やせます。

POINT
★小鉢や浅めの鉢でOK
★伸び過ぎたら切り戻し、さし木で増やす

1 鉢からあふれるように生長した株

さし木をして半年ほどたち、鉢からあふれるように生長した株。
株が込み入ってきて、このままでは株元に光があたらず、しだいに生長が悪くなってしまう。

横からチェック
横向きにも伸び始めた。

上からチェック
ほとんど鉢が見えないほど。

LOOK!

2 株を分け、新しい用土で植え付ける

鉢穴から指を差し入れ、根を押し上げるようにして鉢から出す。

根を手で分ける。株や根がからまっているときは、少しずつほぐしながら分けていこう。

茎を３～４本ずつ付けて、株を小さく分ける。

株を分けたところ。植え付けたい鉢の大きさによって、もう少し大きく分けてもOK。

株間が４～５cmほどあくように数本の株を植え付ける。片手で株を持って位置を固定し、用土を入れよう。

植え付け完成

株を植え付けたところ。

株元から分枝させてこんもりと育てるため、葉を３～４枚残して全体を短く切り揃える。

4 切り戻した茎を利用してさし木で増やす

ココがコツ

茎は6～7cmに切り、下の2～3節の葉を落とす。

さし床を湿らせ、はしでさし穴をあける。

さし穂を垂直にさし、周囲の土を軽く押さえる。

となりの葉と重ならない程度に間隔をあけて鉢全体にさし、完成。

1ヶ月後

どの株も新芽が勢いよく伸び、しっかりと根が張ったのがわかる。こんもりと育てるには、一度葉を3～4枚残して全体を刈り込むとよい。

1ヶ月後

生長してずいぶんとボリュームアップしたが、鉢の手前部分にあいたスペースがある。伸び過ぎた茎を切り、あいた部分にさし芽をすれば、すぐに鉢を覆いつくすように育って見栄えがよくなる。

3 見栄えをよくするため株元にさし木をする

長く伸びた茎を、収穫をかねて切る。

ココがコツ

切った茎を利用してさし穂をつくり（左上参照）、あいたスペースにさす。

根元にさし木をしたところ。

2ヶ月後

株分けから2ヶ月たち、ずいぶんとボリュームアップ！ 茎が伸び過ぎる前に収穫して、全体をこんもりと育てよう。

イタリアンパセリ

Petroselinum crispum var. neapolitanum

科名
セリ科

別名
オランダゼリ

イタリアンパセリは、葉が縮れない平葉種。やわらかい新葉は、そのままサラダに。外葉は刻んで味わうか、葉柄ごとブーケガルニなどに利用して。

DATA

- 日あたり

- 水やり
  表土が乾いたら
- 草丈　30〜60cm
- 分類
  二年草（半耐寒性）
- 増やし方　タネまき
- 利用部位
  葉、茎、タネ

栄養価が高いので、たくさん育てて、さまざまな料理に利用しましょう。

どんなハーブ?

おなじみの葉が縮れたパセリの仲間で、葉が縮れない平葉種です。見た目はミツバを思わせますが、かじるとパセリ特有のすっきりした香りが口の中に広がります。

ビタミンA、B、C、鉄分、カルシウムの含有量は、野菜の中でもトップクラス。つけ合わせとしてだけでなく、毎日の食事にプラスして積極的にとりたいものです。

香りには、イライラを落ち着かせる効果があります。食欲を刺激し、体内にたまった余分な水分を排出する効果、呼気をさわやかにする効果も知られています。

育て方のポイント

地中まっすぐに太い根が伸びる直根性で細い根が少ないので、タネをまくときは直まきして間引きながら育てます。縮れ葉種よりも比較的寒さに強く、平葉のためアブラムシなどの害虫が付いたときには手でしごいて取るのも楽。はじめてパセリを育てるなら、おなじみの縮れ葉種よりもおすすめです。水切れすると葉がかたくなって風味が落ちますが、水を与え過ぎると根腐れしやすいので注意を。

栽培カレンダー

	1月	2月	3月	4月	5月	6月	7月	8月	9月	10月	11月	12月
苗の植え付け			●	●	●	●			●	●	●	
タネまき			●	●		●			●	●	●	
花期						●	●	（環境によって）				
収穫	●	●	●	●	●	●	●	●	●	●	●	●
作業						●	●	（摘蕾）				

Gardening Tips

詳しくは次ページ

葉色が悪くなったらまず栽培環境を見直して！

土の量が減り、株の元気がなく、やせてきたイタリアンパセリ。管理が悪くて弱った株は、環境を整えれば復活します。

原因として考えられるのは…

全体が弱々しく葉先が黄色に変色した。病害虫の被害は見あたらないので、
- 植え替えが遅れて根詰まりした
- 日あたりが悪かった
- 水をやりすぎて根腐れした

などが原因として考えられる。

傷んだ葉を取り、環境を整えて養生する。

水をやや控えめにし、徐々に日あたりのよい場所に移動して育てる。

約2週間後。葉の数が増えて株全体がボリュームアップした。

勢いのよい新芽が増えた！

新芽が伸びてきたら、大きな鉢に新しい用土で植え替えを。

栽培メモ

◉適した場所

日がよくあたる風通しのよい場所が適すが、真夏の強光には弱い。日差しが強過ぎたり温度が高過ぎると生育が鈍るか枯れるので、盛夏は木もれ日程度の場所に移動するとよい。

◉水やり

乾燥と過湿に弱いので、土の表面が乾いたらたっぷりと与える。冬はやや控えめでよい。

◉病害虫

アブラムシやイモムシ、ハダニの被害にあうことがあるので、早めに駆除する。

◉植え付け

ポット苗は３～４株が寄せ植えされているが、無理に分けると根が傷む。そのまま、なるべく根鉢を崩さないように植え付ける。春４月頃と、９月中旬頃に植え付けると、長く楽しめる。

◉肥料

植え付け時に元肥を施し、生育期には追肥を施す。

◉作業

冬の低温で花芽ができる。花がつくと葉が大きくならずに枯れることが多いので、つぼみが付いたら早めに取る。

収穫＆利用のコツ

葉が10枚以上になったら収穫できます。外葉から順次摘み取って利用しましょう。刻んで冷凍保存でき、ドライより風味が残ります。

卵料理、肉料理、魚料理などさまざまな料理に合います。みじん切りにして、バターやクリームチーズにあえても美味。やわらかい新葉は、葉柄を取ってそのままサラダにあえたり、料理の仕上げにプラスして。かたい葉や茎は、刻んで炒めものに。

ガーデンのカラーリーフとしても重宝します。特に春先の寄せ植えやガーデンの彩りにおすすめ。

若葉と氷砂糖をホワイトリカーに漬けると、２ヶ月ほどで健康酒に。香りがよく貧血予防や健胃効果が知られます。

Gide to Uses

▶貧血や循環器障害をやわらげたり、血液浄化やデトックス効果も。

▶精油はエストロゲンと似た成分を持ちます。更年期障害などの緩和を助けますが、妊娠中の利用は控えめにしましょう。

イタリアンパセリの植え付け

鉢が小さ過ぎたり、植え替えが遅れると
水を与えてもうまく生長しなくなります。
適当な鉢の大きさに植え付けて、
生長に応じて株分けをしましょう。

POINT
★鉢は6号鉢以上を選ぶ
★根鉢は崩さずに植え付ける

1 ポット苗は大きな鉢に植え付ける

株が小さなうちに摘み取って利用すると、長く収穫できない。
大きく育ててから収穫した方が長く収穫できるので、6号以上の鉢に植え付ける。

ポット苗の株元

一般に、2～3本が寄せ植えしてある。パセリは1本ずつ崩すと根を傷めるので、このまま植え付けてOK。

2 根鉢を崩さずに植え付ける

株元をしっかり持ち、ポットの下をつぶすようにして引き抜く。

根鉢の底を軽くほぐし、古い土を少し落として新しい土となじみやすくする。

根を傷めるとダメージが大きいので、このくらいでOK。

根鉢の大きさに合わせて、鉢に土を入れる。土の上に株を置いたとき、株元がちょうどよい高さになる分量だけ、入れること。

Garden Note

タネまきにも挑戦！

使い勝手のよいハーブですから、タネまきしてたくさん苗を育てましょう。イタリアンパセリは、タネが発芽するのに光が必要ですから覆土（ふくど）はしません。土が乾燥しないように、まめに霧吹きで湿らせて管理を。発芽したら間引き、増し土をしながら育てましょう。

重なって出た芽を間引く。

土を足して「増し土」を。

本葉２～３枚になったら再び間引く。

この後も間引きながら育てて、３～４本仕立てにする。

鉢の中央に株をすえる。植え付け後に鉢の上部に水がたまるスペースができるか、株元の高さをチェック。

用土を加えて植え付ける。

完成

鉢底から流れ出るまでたっぷりと水を与えて半日陰に置き、２～３日以降はよく日にあてて育てよう。

3ヶ月後

鉢の倍以上の大きさに生長！このくらいまでの大きさに育てると、収穫しても株が弱らずにすぐに復活する。

check up!

外葉は根元からかき取るように収穫を

株が生長すると、株元が込みあってきます。外葉の根元からかき取るように収穫すると、風通しがよくなり、新芽の生長もよくなります。

地ぎわから、かき取るように収穫。

収穫した茎の根元。

オレガノ

Origanum spp.

科名　シソ科

別名　ハナハッカ

花がきれいなオレガノ‘ケントビューティ’。風通しのよい場所に吊るしておくだけでドライになり、ポプリなどにも向きます。

DATA

- 日あたり
- 水やり
  表土が乾いたら
- 草丈
  20〜90cm
- 分類
  多年草
  (半耐寒性〜耐寒性)
- 増やし方
  タネまき、株分け、さし木
- 利用部位　葉

どんなハーブ?

オレガノは仲間がとても多く、葉の様子も花の様子もずいぶん違います。また、マジョラムもこの仲間です。大きく3つに分類され、「オリガヌム類」のワイルドマジョラムが、一般にオレガノと呼ばれます。野性的な香りで料理に使うオレガノとしても、広く知られます。「マヨラナ類」のスイートマジョラムはやや甘い香り、グリークオレガノやシリアンオレガノは強い香りが特徴です。いずれのオレガノも、古代エジプトや古代ギリシャの時代から、料理や医療に広く活用されてきました。「アマラクス類」には花のきれいなオレガノが多く、花オレガノとも呼ばれます。

育て方のポイント

生育が旺盛で、茎の節から発根したり根茎が横に伸びたりして、どんどん株が広がります。鉢植えでは毎年、地植えでも2〜3年に一度は株分けを。さし木もできますが、途中から根が出た茎を切って植えればかんたんに増やせます。株によって香りや味が微妙に異なるので、好みのものを選んで増やすと楽しいでしょう。

栽培カレンダー

	1月	2月	3月	4月	5月	6月	7月	8月	9月	10月	11月	12月
苗の植え付け	室内ではいつでも		●	●	●				●	●		
タネまき				●	●				●	●		
花期					●	●	品種によって異なる					
収穫				●	●	●	●	●	●	●	●	●
作業			● 株分け	● 株分け								
			● さし木	● さし木	● さし木	● さし木				● さし木		

栽培メモ

◉適した場所

日がよくあたる、風通しのよい場所が適する。料理に使うオレガノは這うように育つので、花壇の手前に植えるか鉢植えにすると、収穫しやすい。

◉水やり

多湿を嫌い、やや乾かしぎみを好むが、水切れすると回復に時間がかかる。土の表面が乾いたら、たっぷりと与えること。

◉病害虫

ハダニ類やコナジラミ類が発生するので、シャワーの水流でときどき株全体を洗い流すようにするとよい。

◉植え付け

春に出まわるポット苗は、根がまわっていたら軽くほぐして植え付ける。茎を切り戻しておくと、わき芽が伸びて早くこんもりする。

◉肥料

植え付け時に元肥を施し、生育期には追肥を施す。多く与えるとよく茂るが、香りがやや薄れることがある。

◉作業

高温多湿の時期は、蒸れて生育が悪くなることがある。梅雨前に枝をすかしたり、収穫をかねて葉を2～3枚残して刈り込み、風通しをよくする。

収穫＆利用のコツ

葉があるうちは一年中利用できますが、開花の前が最も香りが高くなります。料理用にドライにして保存するときは開花直前に、ドライフラワーにするときは満開の頃収穫するとよいでしょう。

イタリア料理やスペイン料理、特にトマトとの相性は抜群。長く加熱すると苦味が出るので、早めに引き上げるか仕上げに。

花オレガノは、茎ごと風通しのよい場所に逆さに吊るしておくとステキなドライフラワーに。

ハーブガーデンの縁取りに向く。花オレガノの‘ケントビューティー’など垂れ下がるように育つタイプは、コンテナ植えに。

Guide to Uses

▶葉には、抗菌作用や消化促進作用があります。
▶強壮とリラックスの両方の働きを持ち、体内のバランスを整え、イライラした気持ちを改善するといわれます。
▶妊娠中の利用は控えめに。

個性いろいろ Variety of オレガノ

オレガノ

一般にオレガノと呼ばれるワイルドマジョラム。真正オレガノ、料理用オレガノの名でも出まわります。

オレガノ・ラヴィエガタム‘ピルグリム’

株張りが50cm以上に広がり、初夏から秋に多くの花茎を立てて紫を帯びた濃ピンクの花を咲かせます。

オレガノ・ミクロフィラ

名前の通りごく小さなシルバーグレーの葉が愛らしい、小型のオレガノ。香りが高く、濃赤紫の小花はドライにしても花色が褪せない。

オレガノの株分け

オレガノは生育が旺盛なので、
鉢植え株は毎年植え替えを。
地植えの場合も2～3年に一度は
植え替えましょう。

POINT
★長く伸びた茎葉は、収穫をかねて切り戻す
★ハサミで株を切り分けて、ゆとりをもって植え付ける

1 根詰まりして生長が悪くなった株

植え付けてから3年ほどたった株。鉢の中に根がいっぱいになって根詰まりを起こすと、水を与えても吸収できなくなる。

鉢から抜いて株を分け、ゆとりをあけて植え付ける。

LOOK!

株元
古い根茎が表土を覆っている。

鉢底
鉢穴から、根が伸び出している。

2 切り戻して株姿を整える

このまま株を分けるより、一度刈り込んでから分けた方が、勢いのある新芽が多く出てくる。葉を2～3枚残して、短く刈り揃えよう。

切った葉は、そのまま料理に使うか、ドライにして保存して利用を。

切り戻したところ。刈り込むときは、このくらい思いきって短くしてOK。

3 新芽を付けて株を分ける

鉢から株が抜きにくいときは、鉢の側面にそってナイフを入れ、鉢に張り付いた根を剥がすとよい。

鉢を逆さにして、鉢から出す。

からみ合った古い枝は短く切る。

株を切り分け、傷んだ根を切り落としたところ。

4 新しい用土で植え付ける

植え付けたときに株元がちょうどよい高さになるよう、少量の土を入れてから株をすえる。

根の間に隙間がないよう、用土を足し入れる。

たっぷりと水を与えて完成。2～3日は直射日光を避けて管理を。今はやや寂しい印象でも、数カ月でこんもり育つので大丈夫。

根鉢を叩き、古い土を落とす。

中心部の根が腐っており、根の量が少なくなっていた。根詰まりや根腐れなどのトラブルを起こすと、このようになってしまう。

株元をよく見ると、ところどころに小さな新芽が出ているのを発見！　それぞれに新芽が残るように、株を切り分ける。

ハサミを縦に差し込むようにして、少しずつ株を切り分ける。

カモミール

Matricaria recutita

科名
キク科

別名
カミツレ、カモマイル、カミルレ

花が開くと、しだいに中心部が盛り上がります。この頃が花の収穫適期。

生育が旺盛で、こぼれダネでも育ちます。花言葉の「逆境に負けない」は、カモミールの生命力の強さゆえかもしれません。

DATA

- 日あたり
- 水やり　土の表面がやや乾いたら
- 草丈　30〜60cm
- 分類　一年草
- 増やし方　タネまき
- 利用部位　花

※記載はジャーマン種。多年性のローマン種は本文参照。

どんなハーブ?

リンゴを思わせる甘くやさしい香りには、気分を落ち着かせ、不安をやわらげるリラックス効果があるといわれます。

春4〜5月に咲くジャーマン・カモミールは一年草、6〜7月頃から咲くローマン・カモミールは多年草です。香りもやや異なり、ジャーマン種は花のみ、ローマン種は葉や茎も利用します。いずれもこぼれダネで増えるほど生育が旺盛で、特にローマン種は踏まれても育つとして芝生がわりに利用されていたほどです。

育て方のポイント

一年草のジャーマン種は直立性で、よく枝分かれして60㎝以上に育ちます。直まきもできますが、苗で育てて定植した方がよく生育します。大きくなってからの移植を嫌うので、秋のうちに植え付けると大株に育ちます。

多年草のローマン種は、横に広がって育ちます。夏の暑さで枯れ込むことがあるので、花後は収穫をかねて短く刈り揃えるとよいでしょう。再び美しい緑の新芽が伸び、株姿も整います。

栽培カレンダー

※記載は、主にジャーマン種

Using Tips

詳しくは次ページ

生育のタイミングによって、じょうずに収穫を

花が次々と咲いて、シーズンには周囲が甘いリンゴの香りに包まれます。タイミングよく収穫して、じょうずに利用しましょう。

花のピーク時には…

花だけを利用するジャーマン種は、株の先端をくしのように指ですいて収穫すると楽。

ドライにするなら…

病害虫の被害がなければ、そのまま残してドライフラワーにしても。花弁（花びら）が落ちて、黄色の中心部だけが残ります。

株が倒れたら…

ピークを過ぎ、暑さや雨で株が倒れたら、病害虫が発生する前に株元から刈り取って。

Guide to Uses

▶痛みを抑えたり、リラックス効果があります。おだやかな睡眠をさそうので寝る前のティーとしても愛飲されます。

▶婦人病の改善に用いられることがありますが、妊娠期には避ける方がよいでしょう。

栽培メモ

◉タネまき

タネが細かいので、ばらまきして覆土（ふくど）は不要。

◉適した場所

日のあたる場所に植え付ける。寒さには強く雪の下でも耐えるが、高温多湿を嫌う。ローマン・カモミールは、できれば夏は半日陰になる場所が望ましい。

◉植え付け

秋に植え付けて寒さに合わせた方が、大株に育つ。地植えの場合は、株間を20～30cmとって植え付ける。

◉水やり

土の表面がやや乾いたら十分に与える。多年草の鉢植え株は、夏は水を株元に与え、茎葉にかからないようにして蒸れ防止を。

◉病害虫

アブラムシとハダニが発生しやすいので、早めに対策を。花が小さく株が茂るので、対処が遅れると駆除が難しい。気温の上昇とともにうどん粉病も発生しやすくなる。虫退治や病気対策に労力を使うより、さわやかな初夏の最盛期に収穫を済ませてしまうとよい。

◉肥料

植え付け時に元肥を施し、春先に追肥を。チッ素分が多いと花が少なくなるので注意。

◉作業

多年性のローマン・カモミールは、夏の高温で蒸れて生育が悪くなるので、花後に切り戻しを。グラウンドカバーとして利用するときは、一年に3～4回、地ぎわ近くを刈る。

収穫＆利用のコツ

花が次々と咲くので、開花したものから、順次収穫を。保存する場合は、よく晴れた日の午前中を選び、咲き始めた花を摘んで風通しのよい日陰で乾燥させます。フリージングバッグに入れて、冷凍保存も可能です。

お菓子の飾りや、ティーを利用したゼリーに。リンゴのような香りと、ほんのりした甘味をプラスします。

ジャーマン種はほんのりした甘味で、ローマン種はやや苦味があります。摘みたてのフレッシュのティーは香りが高く、自家栽培ならではのぜいたくな風味。

花には抗炎症、鎮静作用があります。花を煮沸寸前まで煮出し、布でこした抽出液を湯に加えると効果的。手軽に楽しむなら、刈った茎葉をネットや布袋に入れて浴そうに。

ダイヤーズ・カモミールの切り戻し&さし木

多年性のダイヤーズ・カモミールは、
じょうずに育てれば毎年花が楽しめます。
花後は切り戻しをして株姿を整え、
翌春には植え替えましょう。

POINT
★切り戻しをして株姿を整える
★切った茎を利用して、さし木で増やす

1 花が終わって姿が乱れた株

花が終わった株。茎がだらしなく垂れ下がり、バランスが悪くなってしまった。
すぐに大きな鉢に植え替えてもよいが、暑さで弱りやすい。切り戻して株姿を整え、植え替えは翌春に行うことにする。

2 切り戻して株姿を整える

倒れた茎の根元から、新芽が出ている。新芽の生長を促すためにも、この先で切る。

風通しがよくなり、日があたるので、新芽もよく生長するはず。

3 表土を軽く耕し用土を足す

長く育てると、水やりをするうちに土が減ったり表面がかたくなったりする。まずは表面を軽く耕す。

新しい用土を足す。

完成

茎が四方に広がって伸びるように向きを整えて完成。翌年の春先には、大きな鉢に植え替えてやるとよい。

ガーデンの株も同様に

ダイヤーズ・カモミールの茎はしだいに木のように木化（もっか）しますが、そこからは緑の新芽が出てきます。切り戻しをすると勢いのある新芽を出させる効果もありますから、地植え株も同様に手入れしましょう。

茶色に木化した古い茎。

個性いろいろ Variety of カモミール

ジャーマン

ジャーマン・カモミール

一般によく知られ、ティーに利用されるのは本種。一年草で直立し、あたり一面が愛らしい花であふれます。

ローマン

ローマン・カモミール

多年草で葉も花も香ります。横に広がるようにこんもりと育ち、初夏には40〜50cmほどに立ち上がって開花します。

八重咲きのダブルフラワー・カモミール。一重咲き種よりも草丈が低く、地面を覆うように這（は）うので、芝生のように楽しめます。

ダイヤーズ

ドライフラワーにも向く白花種。

ダイヤーズ・カモミール

カモミールとは別属ですが、葉姿が似ていることからこの名があります。7〜8月にマーガレットに似た花を咲かせ、染料にも利用されます。

ゴールデンマーガレットの別名もある黄花種。

4 さし木で増やす

7〜10cmほどに切り、頂芽を切る。

下葉を落とし、さし穂をつくる。茶色に木化した部分をさすと発根しやすい。本来、さし木には、まっすぐな部分を使うが、今回のように切り戻した茎を利用する場合には、多少曲がっていてもOK。

30分以上、水あげする。

さし床に穴をあけてから、さし穂をさす。

完成

土を軽く押さえて完成！　根付いて新芽が伸びてくるまでは、明るい日陰で管理を。

クレソン

Nasturtium officinale

科名
アブラナ科

別名
オランダガラシ、ウォータークレス、オランダミズガラシ、ミズガラシ

春には枝先に小さな白い花がたくさん咲きます。

川辺に育つクレソン。冷涼な気候できれいな水が流れる水辺を好みますが、鉢植えでも育てられます。

DATA

- 日あたり
- 水やり
  土の表面が乾き始めたら早めに
- 草丈　10〜60cm
- 分類　多年草（耐寒性）
- 増やし方
  株分け、さし木
- 利用部位　葉

どんなハーブ？

ステーキのつけ合わせでおなじみ。ぴりっと辛くさわやかな風味で、油っこい料理の後味をすっきりさせてくれます。日本には明治時代に渡来し、洋食店や居留地などで使われたものが広まったといわれます。ビタミンA、B、C、E、カルシウム、亜鉛などが多く含まれ、利尿作用や貧血を防ぐ効果があるといわれます。つけ合わせだけでなく、積極的に使いたいものです。

育て方のポイント

水辺に生育する多年草で、各地の川辺で野生化しています。国立公園の尾瀬でも在来種を駆逐するほどの勢いで繁殖し、問題視されたほど生育は旺盛です。本来は澄んだ流水のある場所を好みますが、淀んだ水でも案外育ってしまうのはやっかいといえるかもしれません。食用にする場合は、清潔な水や土で育てたいものです。

鉢植えで育てるのも容易で、室内の窓辺で育てれば一年中収穫できます。根付くまでは水切れに注意し、土の表面がやや乾いたら早めに水を与えるのがコツです。

栽培カレンダー

Gardening Tips

詳しくは次ページ

料理で残った茎でかんたんに増やせます

料理用に入手したクレソンは、さし木でかんたんに増やせます。利用した後の短い茎も、化粧砂を用いてさし木をすれば管理が楽。キッチンに置いても清潔感が演出できます。

化粧砂

節から出ている白いヒゲ根を利用して、さし木をする。

化粧砂で植え、腰水にして管理を。

鉢受け皿の水は毎日替えること。鉢内の古い水も流水で洗い流すとよい。

Guide to Uses

▶茎葉をミキサーにかけてつくる青汁は、貧血予防や痰を鎮めるといわれます。
▶乾燥させたティーには利尿作用があり、むくみを取ったり、熱っぽさを取る効果も。

栽培メモ

◉適した場所

日のよくあたる場所〜半日陰を好む。暑さに弱く、20℃以上だと生育が鈍り、猛暑時には蒸れて茎葉が溶けるように落ちたり、根腐れしやすい。遮光するか、明るい日陰に移動を。思いきって夏は栽培を休み、10月頃に新しい株を育てるのもよい。

◉水やり

水辺に生える植物なので、水切れは厳禁。土の表面がやや乾いたら、たっぷりと与える。鉢受け皿などに水をため、鉢の1/5くらいを水につけて育てる「腰水」栽培にしてもよい。ただし水はまめに替え、水の温度が上がり過ぎないように注意する。

◉病害虫

アオムシやコナガ、ヨトウムシ、アブラムシやハダニがつきやすく、短期間に大きな被害を受けやすいので、早めに対処を。

◉植え付け

ポット苗も出まわるが、料理で残ったものを水につけておくだけで、節々からヒゲ根を出して苗として利用できる。清潔な水が流れる水辺などでは地植えできるが、鉢やプランターの方が管理しやすい。グラスや花びんにいけて水栽培も可能。底穴のない器にセラミスやハイドロボールなどの人工培養土で植えても栽培できる。いずれも明るく風通しのよい場所に置き、毎日水を替えること。

◉肥料

生育が旺盛な時期は、薄めの液体肥料を与える。水栽培の場合には不要。

◉作業

込み入った部分は、株元から茎を切って間引く。伸び過ぎた茎は収穫をかねて短く切り戻すと、分枝が増える。長く栽培して根詰まりした株は、株分けを。

収穫&利用のコツ

葉のある時期なら、いつでも収穫できます。茎が15cm以上になったら、葉を3〜4枚残して摘み取ります。花が咲くと生育が落ちるので、早めに摘み取りましょう。寒さや乾燥にあったときや、葉が大きくなり過ぎたときは、葉がかたくなったり苦味が出ることがあります。

生でつけ合わせにしたり、サラダに加えて。てんぷら、油いためなど、油を使った調理とも相性がよく、シュンギクのようにおひたしや鍋料理、茶わん蒸しなどに利用してもよいでしょう。

地上部を刈り取って乾燥させたものは、利尿効果があるティーとして利用されます。

クレソンの植え替え

植え替えが遅れると下葉が落ちたり、
根詰まりして葉が黄変したり。
新しい用土で植え替えて、
新芽の生長を促しましょう。

POINT
★古い根や傷んだ根を切って整理する
★弱々しい茎や黄変した葉は切り落とす

1 根詰まりして生長が悪くなった株

株元には、緑の新芽がいくつも出ている！　これをじょうずに育てれば、株の勢いも復活するはず。

鉢内に根がいっぱいになって根詰まりを起こした株。水を与えても吸収できずに水切れしてしまった。
茎が弱々しく葉色も悪いが、地ぎわからは新芽が出ている。植え替えて新芽の生長を促すことに。

2 根鉢を崩して植え付ける

鉢穴から根を押し上げて株を抜く。

根鉢の底に白い根がかたまってマット状になり、鉢内が根でいっぱいだったことがわかる。

新しい土となじみやすいよう、かたまった根を崩し、古土を落とす。

このくらいまで崩してOK。

株元の新芽が埋まらない高さに株をすえ、新しい用土で植え付ける。

約3週間後

茎が鉢からあふれ出るように伸びた！

上から見たところ

弱々しかった葉が大きく育ち、鉢が小さく感じるほど。

LOOK!

以前よりも茎が太くなり、茎の途中から出る根も力強くなってきた。

4 収穫をかねて切り戻しながら株を育てる

約1.5ヵ月後

旺盛に生長。ところどころ茎が立ちあがって伸び、茎葉が込み入ってきた。

上から見たところ

株元の土が見えないほどに、茎葉が増えた。

鉢外に伸びた茎や、込み入った部分を間引くように収穫。

収穫後は、株がバランスよく生長するよう、茎の向きを整えておこう。

弱々しく鉢外に伸びた茎は、思いきって短く切り戻す。

完成

たっぷりと水を与えて完成。地上部にはほとんど緑の部分が残っていないが、根は生きている。うまく管理すれば新芽が伸長してくるはず。

3 回復するまで、収穫せずに株を育てる

新芽が勢いよく伸び、順調に生長を始めた。植え替え後、しっかり根付いたのがわかる。

約2週間後

上から見たところ

中央にしかなかった新芽が伸び、鉢外に出る勢い。

LOOK!

茎の途中から根が出ている。これが根付くと、再び生長の勢いが増すはず。

コリアンダー

Coriandrum sativum

科名
セリ科

別名
シャンツァイ(香菜)、パクチー、チャイニーズパセリ、カメムシソウ

東南アジアをはじめ、広い地域で利用されます。香りが独特で個性があり、日本では香りからカメムシを連想して和名が付けられたほど。ただし、好きになるとどんな料理にも加えたくなるほどの魅力的な風味です。

葉に切れ込みがあるのが特徴。ベトナムコリアンダーの別名があるパクチーファランは葉が長形で、香りは似ていますが別属です。

DATA

- 日あたり
- 水やり
  表土がやや乾いたら
- 草丈　20～50cm
- 分類　一年草
- 増やし方　タネまき
- 利用部位
  葉、タネ、根

どんなハーブ?

エスニック料理と聞いて、このハーブの香りを思い浮かべる方も多いでしょう。英語ではコリアンダーと呼びますが、タイではパクチー、中国では香菜（シャンツァイ）、ベトナムではザウムイ、ポルトガルではコエントロなど、各国の名で親しまれています。

葉はもちろん実も食用にでき、掘りあげた根は刻んでスープに加えたり薬用に利用されたり、全草を余すところなく活用できます。タネが熟すと、青いときと違ってほのかに甘い香りがします。これを乾燥させたコリアンダーシードは、スパイスとしてインドやヨーロッパをはじめ広く利用されています。

育て方のポイント

直根性で移植を嫌うので、タネをまいて間引きながら育てるか、ポット苗の根をあまり崩さないで植え付けましょう。生育が旺盛で栽培はむずかしくありませんが、夏の高温時はハダニやアブラムシが出やすく、生育が衰えます。無理に夏越しを考えず、9月以降に再び新しい株を育てるのがおすすめです。

栽培カレンダー

Gardening Tips

詳しくは次ページ

野菜として購入した根付き株は鉢植えで育てても楽しい！

野菜売り場には、根が付いたコリアンダーが売られていることがあります。根も食べることができるので、調理に利用しましょう。こうした株は、鉢に植えて育てることもできます（詳しい手順は次のページへ）。

植え付ける鉢は、深めのものを選ぶのがポイント。

栽培メモ

◉適した場所

日あたりがよく、排水性のよい場所を好む。気温が高くなってくると、トウが立って葉がかたくなる。鉢植え株は、風通しのよい半日陰に移動させるとよい。

◉水やり

表土が乾いたら、たっぷりと水を与える。梅雨時は過湿と日照不足で徒長しやすいので、水やりの回数は控えめでよい。

◉病害虫

アブラムシやイモムシなどがつきやすい。特にアブラムシは、対策が遅れると株全体に広がるので注意。高温乾燥でハダニの被害も受けやすい。対策に追われるより猛暑時は栽培を休み、秋に再び新しい苗を育てるのも手。

◉植え付け

地中に太い根がまっすぐに伸びる直根性。鉢は深いものを選び、苗の根鉢をあまり崩さずに植え付ける。野菜として売られている根付き株を植えても育つ。

◉肥料

植え付け時に元肥を与え、生長に応じて追肥を与える。勢いよく生育して葉をたくさん収穫する時期は、液肥を与えるとよい。

◉作業

葉の収穫を長く続けるときは、外葉から順に収穫し、トウが立ったら早めに摘み取る。花やタネを利用するときは葉の収穫をやや控え、がっしりした株に育てるとよい。秋から育てた株は、霜よけして越冬させれば翌春まで栽培可能。

COOKING

ミックスビーンズの水煮に若葉を数枚ちぎって加えれば、美容効果抜群のエスニック風サラダに。

Guide to Uses

▶ティーには体を芯から温める効果があり、夏はクーラーによる冷え性対策、冬は風邪対策などに用いられます。

▶香りには気分をリフレッシュする効果があるといわれます。食欲増進、健胃、便秘対策などに用いられます。

収穫＆利用のコツ

草丈が20cmほどになったら、外側の葉から順次摘み取って利用します。タネを利用するときは、実が黄褐色に色付き始めた頃に株ごと刈り取り、紙袋に入れて風通しのよい場所に吊るして追熟・乾燥させます。

葉は長く加熱するより、生で利用するか調理の仕上げに加えるとよいでしょう。インスタントラーメンの仕上げに加えるだけでも、エスニック風にワンランクアップ。肉や魚料理では、風味にアクセントを加え、臭い消しの効果もあります。

コリアンダーシードをカップに小さじ１杯ほど入れて熱湯をそそげば、体を温める作用のあるティーに。

ワインやスピリッツなどの風味付けに。中世ヨーロッパの修道院では、コリアンダーを含むハーブを用いて薬用酒としてのリキュールが多く作られました。鮮やかな赤色でおなじみのカンパリにも、コリアンダーが含まれます。

コリアンダーの植え付け

ほんの少しあれば重宝するコリアンダー。
野菜売り場で根付きの株を見かけたら
葉を利用した後に土に植えてみましょう。
夏の暑さに弱いので、作業は春か秋に。

POINT
★株を小さくして負担を軽減
★水栽培して新芽が出たら土に植える

1 野菜として売られている根付きの株

根が付いた状態で、洋野菜として売られているコリアンダー。こうした株を植え付けて育てることもできる。

高温期は暑さで弱りやすく根腐れしやすいので、作業は春か秋に行う。

根も利用できるので、根付きで売られています

コリアンダーは根を食用にできるので、根が付いた状態でも売られています。よく洗ってから細かく刻み、スープや炒めものに加えれば、おいしくいただけます。

2 葉を利用し、水にいける

株の負担を減らす目的もかね、外側の葉を切って料理に利用する。残った部分はコップなどにいけ、水栽培の要領で管理を。根から吸水できれば株がいきいきとしてくる。新芽が伸び始めたら順調に生育している証拠なので、鉢に植え付けよう。

3 新芽が伸びてきたら鉢に植え付ける

鉢は深めのものを準備する。

根は生きているがダメージも

コリアンダーは直根性なので、本来は主根を切るのは禁物。野菜として出まわる株の根は、短く切られている上、表面が乾燥していることも。

しおれて変色していなければ生きているが、大きなダメージを受けている。このまま植えたのでは、根付きにくい。

Key Word

直根性って?

植物が生長するにつれて太い根（主根）が地中に伸び、そこから細かい根（側根）が出るタイプ。パンジーなど、細かいひげ根がたくさん伸びるタイプと違って、主根を傷つけると生長が著しく悪くなります。

乾燥を防いで早く根付かせるため、しばらくは腰水にして管理する。洗面器などに水を張って鉢を1/4ほど水に沈め、鉢ごと新聞紙で包む。

直射日光のあたらない明るい場所におき、水は毎日替えること。葉がピンとしてツヤがよければ新聞紙をはずしてOK。新芽が伸び始めたら腰水をやめ、ふつうの水やりをして育てよう。

Garden Note

タネまきにも挑戦！

コリアンダーは生長が早く、タネから育てるのもおすすめです。直根性で移植を嫌うので、直まきするか、鉢やポットにまいて早めに定植します。

小さな本葉にも切れ込みがあってかわいい！　すでにしっかりとコリアンダーの風味があり、間引き菜もおいしくいただけます。

発芽後は重なって出た芽や、弱々しい姿の芽を間引く。その後も隣の株と葉が触れるようになったら、間引きながら育てる。

ある程度大きくなったら、株を引き抜いて間引くより、ハサミで地ぎわから切った方が残す株が傷みにくい。10cmほどに生長したら定植を。

鉢底ネットを敷き、ゴロ土をひとならべ入れてから、少量の土を入れる。

植え込んだときにちょうどよい高さになるように、株を持つ。

ここまで
土に埋める!

株元の新芽が埋まったり、根が土の上に見えたりしてはNG。

根の周囲に土を入れ、垂直に植え付ける。

倒れないように株元を軽く押さえる。

表土を平らに整える。

シソ

Perilla frutescens

科名
シソ科

別名
オオバ(大葉)

室町時代から愛されてきた、日本を代表するハーブのひとつ。

葉が緑色の青ジソと、赤紫の赤ジソとは別の種。シソの香り成分はペリラアルデヒドで、青ジソの方が多く含まれます。葉に含まれるポリフェノールは、赤ジソに多く含まれます。近くに植えると交雑するので、タネを採るときには離して植えること。

DATA

- 日あたり
- 水やり　表土が乾いたら
- 草丈　30〜100cm
- 分類　一年草
- 増やし方　タネまき（さし木）
- 利用部位　葉、タネ

どんなハーブ?

日本のハーブの代表といえるでしょう。すがすがしい香りとほんのりした苦味で、薬味として古くから用いられています。香り成分には防腐作用があり、刺身のツマに添えられたのも、魚の臭み消しと防腐効果の両面から。

発汗、解熱、健胃、利尿作用があり、漢方でも広く用いられます。漢字の「紫蘇」は、ものをよみがえらせる力をあらわす意があるとか。近年ではシソに含まれるポリフェノールや、シソからつくった油の主成分α-リノレン酸が、アンチエイジングやアレルギー対策に効果があると注目されています。

育て方のポイント

青ジソ種、赤ジソ種とも、ちりめん系の品種は、やわらかくて葉が大きいのでおすすめ。こぼれダネからでも育ちますが、世代交代するうちに香りが薄くなったり、かたくなったり、縮れが消えたりします。数年に一度は新しい苗を植えるか、市販のタネから株を育てると、品質が揃います。20cmほどに育った頃、先端の芽を摘み取って摘芯《てきしん》すると、わき芽が増えて収量が増します。

栽培カレンダー

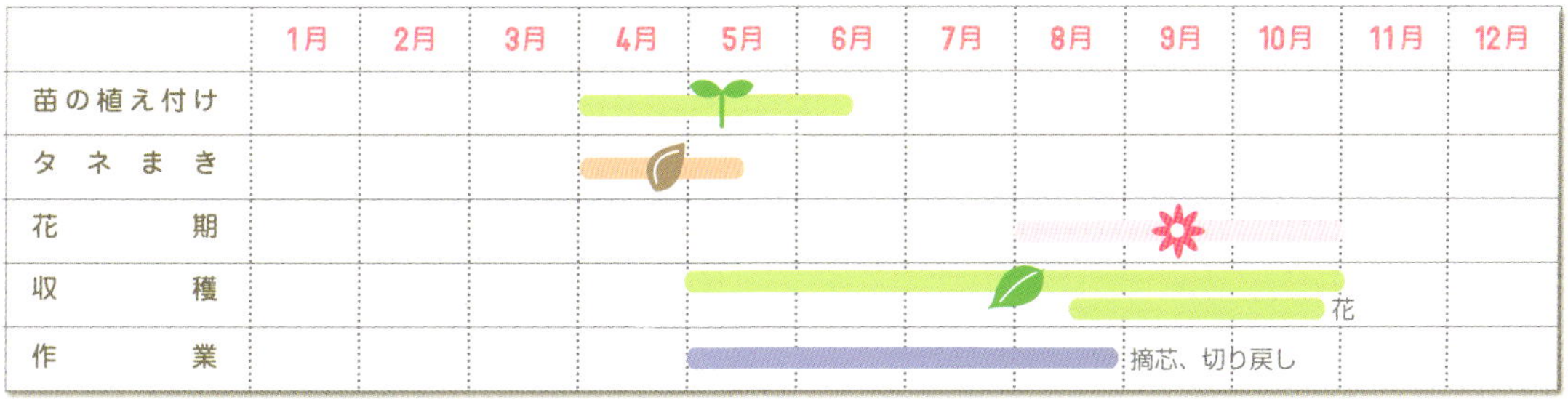

Gardening Tips

水さしで増やすこともできます

気温が高い時期は、茎を水にいけておくだけですぐに発根します。実生（タネから育てた）株よりもやや勢いは劣りますが、土に植え付ければ生長します。

茎から出た根

キッチンの窓辺に飾って、発根の様子を楽しみましょう。

栽培メモ

◉タネまき

４月下旬～５月中旬が適期。発芽に光が必要な好光性なので、覆土は不要。屋内で発芽させ、気温が上昇してから定植するとよい。

◉適した場所

日がよくあたる場所を好むが、明るい日陰でも育つ。蒸れに弱いので、風通しのよい場所を選ぶこと。

◉水やり

乾燥と過湿に弱いので、土の表面が乾いたらたっぷりと与える。乾燥させると生育が落ち、下葉が落ちたり葉が小さくなったりする。特に夏の水切れに注意。

◉病害虫

ヨトウムシなどのイモムシ類、アブラムシ、ハダニの被害にあいやすいので、早めに駆除する。

◉植え付け

本葉が４～６枚になった苗を定植する。株間が狭いと生育が悪い。最低20cm、できれば30cm以上の株間をあけること。

◉肥料

植え付け時に元肥を施す。花が咲くまでの生育期には追肥を施す。チッ素分の多い肥料を与えると葉がたくさん収穫できるが、香りがやや薄くなる傾向がある。

◉作業

草丈20cmの頃に頂芽を摘んで「摘芯」すると、枝数が増える。蒸れに弱いので、中心部分の込み入った部分の茎を間引き、収穫をかねて切り戻しをしながら育てる。花穂ができると葉の風味が落ちるので、実を利用しないときは早めに摘む。

ルビー色の赤ジソジュースには、ポリフェノールが豊富に含まれます。

穂ジソは生で薬味にするほか、塩漬けすると長期保存も可能。

Guide to Uses

▶香りの成分には、食欲増進、殺菌作用があります。
▶発汗、解熱、利尿、健胃効果があり、シソに含まれるポリフェノール「ロスマリン酸」には、花粉症などのアレルギーを緩和する効果が期待されています。

収穫＆利用のコツ

株がある程度大きくなったら、葉を摘み取って収穫します。地植え株は40cmほどに育ってから収穫すると、長く楽しめます。花は穂状に付きます。花が半分くらいまで咲いたやわらかい時期に摘み取って、穂ジソとして利用します。

葉は、きざんで豆腐や刺身の薬味に。すし飯とも相性抜群。肉や魚、さつま揚げなどの練り物にまいて焼いても美味。しょうゆ漬けや塩漬けにしても。

青ジソの葉を乾燥させて緑茶に加えると、わずかにシソの風味を感じる、すっきり夏らしいティーに。赤ジソは、葉をちぎって煮出し、砂糖と酢を加えてジュースに。

ステビア

Stevia rebaudiana

科名　キク科

別名　アマハステビア

古代インディオがマテ茶の甘味付けなどに利用していたとされるステビア。現代でも天然の甘味料として利用されています。

夏から秋に、小さな白花をたくさん付けます。

ステビア属には150以上の種がありますが、甘味を持つのは本種だけ。

DATA

- 日あたり
- 水やり　表土が乾いたら
- 草丈　50～100cm
- 分類　多年草（非耐寒性）
- 増やし方　タネまき、株分け、さし木
- 利用部位　葉

どんなハーブ？

葉には独特の強い甘味があり、ティーカップに１～２枚入れるだけで十分なほど。この甘味は全草に含まれるステビオサイドという成分で、砂糖の２００～３００倍もの甘さといわれます。水やアルコールに溶けやすく、加熱しても変化しません。低カロリー甘味料として、糖尿病対策の料理やダイエット志向の清涼飲料水、お菓子などに広く利用されます。近年は葉を利用した後の茎や抽出したステビアを、土壌改良などに再利用する取り組み（ステビア農法）も注目されています。

育て方のポイント

冬は地上部が枯れるので、10㎝ほどに刈り込みます。霜があたると冬越しがむずかしいので、暖地では株元を敷きわらなどで厚く覆い、苗キャップなどをかぶせて寒さ対策を。土が凍るような寒冷地では鉢上げして、寒風のあたらない南向きの軒下や室内で管理します。春になって株元から新芽が伸び出したら、古い茎は２㎝ほど残して短く切り戻しましょう。新芽が勢いよく出て、株立ちに育ちます。生長が早いので切り戻しながら育てます。

栽培カレンダー

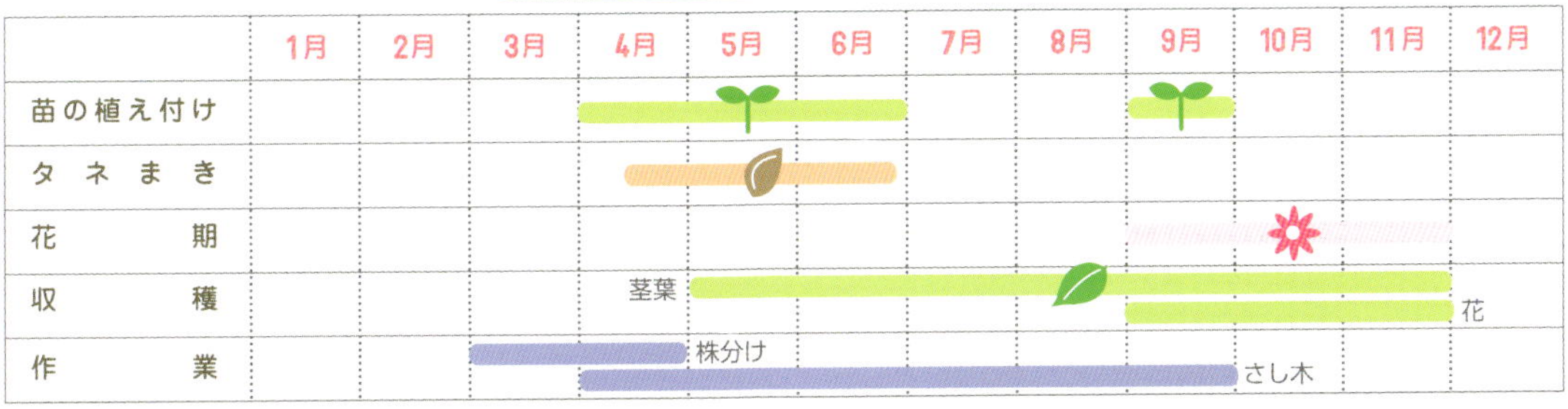

Gardening Tips

詳しくは次ページ

庭植えでは伸び伸び育てましょう

温度が高い時期は旺盛に生育します。使うたびに葉を収穫しますが、ある程度育ったら株元から刈り取ってもOK。生育が早いので、年に2～3回は収穫できます。

夏は水切れに注意。水切れや株元が蒸れると下葉が枯れる。

庭植えでは大きく育つので、株間をあけて植え付ける。

Guide to Uses

▶甘味成分はステビオサイド。熱や酸に対して安定、吸湿性が少ない、氷点降下が少ないなどの特長があります。

▶砂糖の200～300倍の甘味を持つ天然の甘味料として、糖尿病患者のための食品や、ダイエット志向の食品、歯磨き粉などに広く利用されます。

栽培メモ

◉適した場所

よく日のあたる場所を好む。寒さに弱いので、冬はできるだけ掘りあげて室内などに取り込む。日あたりのよい窓辺では冬も新芽がゆっくりと伸びるので、葉を摘んで利用できる。

◉水やり

やや湿り気のある環境を好むので、乾燥し過ぎないように、表土が乾いたらたっぷりと与える。地上部が枯れた後は控えめに。表土が乾いてから2～3日たって水を与えるくらいでよい。

◉病害虫

アブラムシがつきやすいので、まめにチェックを。夏の高温乾燥でハダニが発生するので、ときどき強めの水で葉裏まで洗い流すようにし、発生後は早めに対処を。

◉植え付け

地植えでは草丈が高くなるので、40cmほどの株間を取って植え付ける。鉢植えでは、植え付け時に先端の芽を摘んで摘芯すると、わき芽が伸びて枝数が増え、たくさん葉を収穫できる。

◉肥料

植え付け時に元肥を施し、生育期には追肥を施す。

◉作業

春先に株元から新芽が伸び始めたら、古い茎は2cmほど残して切り戻す。切り戻さずに育てると、茎がひょろひょろして株姿が悪くなりがちなので注意。生長に応じて切り戻しながら育てる。草丈が高くなって倒れやすいときは、リング状の支柱を立てるか、ひもでくくるとよい。

収穫＆利用のコツ

必要なときに葉を摘み、そのまま使います。一度にたくさん収穫したときは、ドライやシロップに。シロップは、水カップ1に葉を20～30枚入れ、半分くらいになるまで煮詰め、ガーゼでこしてつくります。

ステビアの甘味成分は、加熱しても変わりません。さまざまな料理の甘味付けとして、生やドライの葉、シロップなどを利用して。

ほかのハーブとブレンドして、甘味を加えるのに最適。カップに葉を1～2枚入れるくらいでOKです。

生育が旺盛でよく茂り、白い小花もアクセントを加えます。草丈が高くなりますが、年に2～3回は刈り込んで収穫できます。大きく育ってほかの草花を隠すほどに茂ったら、思い切って切り戻しを。

ステビアの切り戻し

ステビアは切り戻しをしながら育てましょう。
わき芽が伸びて枝数が増え、
たくさんの葉を収穫することができます。
生長が早いので、思いきって短くしてOK。

POINT
★長く伸び過ぎた茎は、収穫をかねて切り戻す
★切り戻すときは、思いきって短く切ってOK

1 分枝せず、長くひょろひょろと伸びた株

鉢に1本だけ植え付け、40cmほどに育った株。このままでは、たくさんの葉を収穫できないので、切り戻してわき芽を出させる。

2 新芽の上で切り戻す

葉の付け根にある新芽をチェックして、一番下の新芽の出ている上でカットする。

ココがコツ

株元から2～3cmに切り戻したところ。茎の途中で切ることを繰り返すと、バランスが悪くなる上、新芽の伸びも悪くなるので、思いきって切り戻すこと。

約3ヶ月後

わき芽が伸びたあと、再び収穫をかねて切り戻して育てた株の様子。

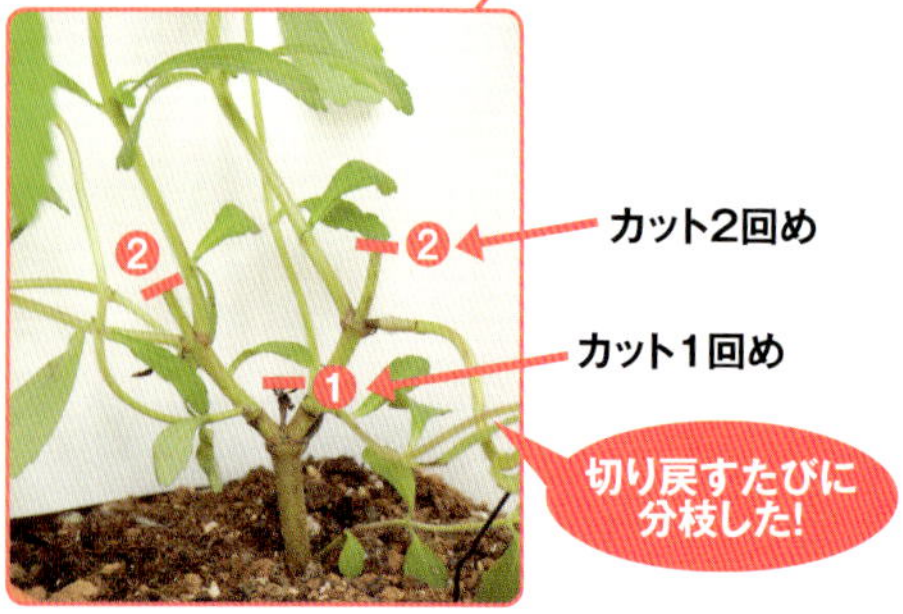

ガーデンの株も同様に

ステビアは生長が早いので、年に2～3回は株元から刈り取って収穫できます。コツはここで紹介する手順と同様、思いきって短く刈り込むこと。

Garden Note

さし木にも挑戦！

キク科のステビアは、さし木で増やすのもかんたん！ 株によって甘味が強いものや苦味のあるものなど、わずかな違いがあります。味を吟味して、増やす株を決めましょう。

さし木

生き生きとして充実した部分の茎を7〜8cmに切り分ける。

わき芽の上は1cmほど残して切り、下葉を落とし、節の下は2cmほどに切ってさし穂をつくる。

湿らせたさし床に穴をあけ、垂直にさす。

さし木の完成！

鉢上げ

約3週間後。わき芽が伸び、十分発根したことがわかる。

根を傷つけないように株を掘りあげる。

植え付ける高さに株を持ち、用土を入れる。

3 晩秋には短く刈り揃える

収穫しながら育てたステビア。気温が低くなり、花が終わって葉が枯れ始めた。
短く切って冬越しの準備をする。

下葉が落ち、残った葉も黄色くなってきた。

株元から10cmほどの位置で切り戻す。

寒風のあたらないベランダや、室内で管理を。地上部は枯れても根は生きているので、水やりを忘れないこと（ただし、生長期よりも控えめに）。春になれば、株元から新芽が伸びてくる。

セージ

Salvia officinalis

科名 シソ科

別名 コモン・セージ、薬用サルビア、ガーデンセージ

ピンクの花が愛らしい桃花コモンセージ（*Salvia officinalis*'*Rosea*'）。花も食用やポプリなどに利用できます。

ハーブとしてよく利用されるコモン・セージ。セージの仲間は世界中に広く分布しますが、本種のふるさとは地中海沿岸で、カラッとした気候を好みます。

DATA

- 日あたり
- 水やり　表土がやや乾いたら
- 草丈　20〜150cm
- 分類　多年草（耐寒性）、常緑低木
- 増やし方　さし木、株分け、タネまき
- 利用部位　葉、花

どんなハーブ？

セージの仲間は非常に多くありますが、ハーブとして最もよく利用されるひとつがコモン・セージ（*Salvia officinalis*）でしょう。学名の*Salvia*は「健全」「救われる」、*officinaris*は「薬用」の意味に由来します。ほのかに甘くすっきりとした香りで、古代ローマの時代から薬用にしたり神聖な儀式に用いたり、長寿のハーブとしても親しまれてきました。主に花を観賞する種はサルビアの名で呼ばれることが多く（→173ページ）、花壇花としても人気。黄色や斑《ふ》入り葉などの園芸種も多くあります。

育て方のポイント

生育が旺盛で育てやすいですが、蒸し暑さにやや弱く、害虫が好むので注意します。寒さで地上部が枯れますが、根は生きています。タネまきもできますが発芽が揃うまでに長くかかるので、さし木で増やすのがおすすめです。長く育てると生育が悪くなったり下葉が落ちて見栄えが悪くなったりします。3年をめどに、さし木や株分けをして株の若返りをはかりましょう。

栽培カレンダー

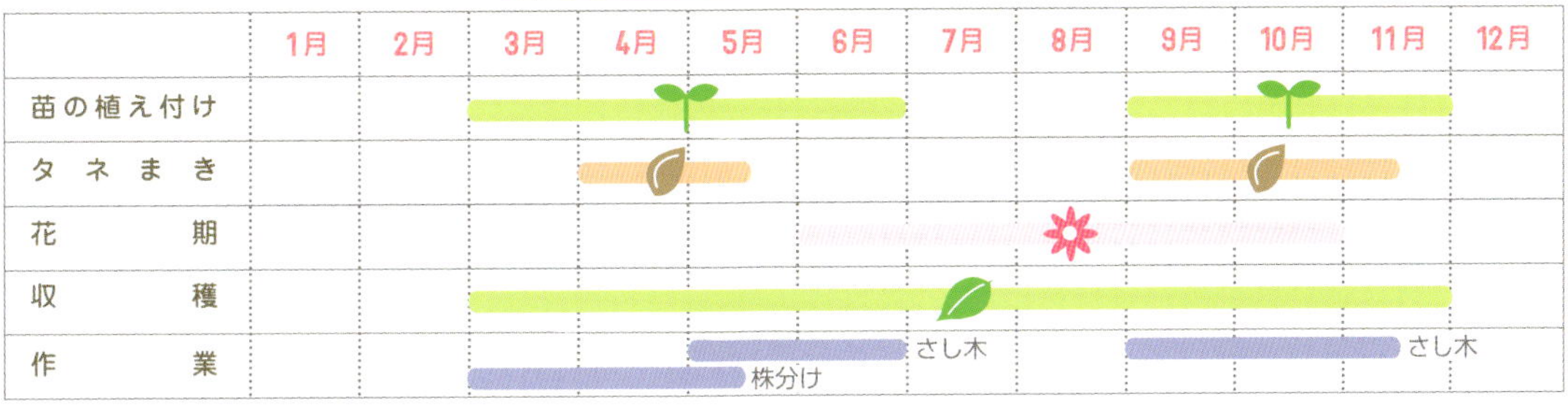

Gardening Tips

さし木に挑戦!

長く育てると株が老化するので、さし木で更新して株の若返りをはかりましょう。

❶ 茶色に木化して充実した部分をさし穂に使う。

❷ 3～4節付けて切り、下葉を落とす。

❸ さし床に穴をあけてから、さし穂をさす。

ムレに注意!

高温多湿期は株が蒸れやすいので、梅雨前に込み入った部分を間引いておきましょう。

蒸れて茶色に変色した下葉。放置すると病気が発生することも。

栽培メモ

◉適した場所

日あたりと風通しのよい場所を好む。夏は直射日光があたらない明るい日陰で育てると、葉がやわらかくなって風味が増す。

◉水やり

表土が乾いたら、たっぷりと水を与える。地中海産のセージは高温多湿に弱いので、やや乾燥ぎみに。

◉病害虫

通気が悪いとアブラムシ、イモムシ類、ハダニなどがつく。高温多湿で蒸れると下葉から枯れ上がり、カビ病が発生することがあるので注意。

◉植え付け

大きく茂るので、生長するスペースを確保して植え付ける。植え付け後は1～2回摘芯すると多く枝分かれする。

◉肥料

植え付け時に元肥を与え、生長に応じて追肥を与える。

◉作業

株姿が乱れたら、春先か花後に全体の半分～1/3ほどに切り戻す。梅雨時の高温多湿で弱るので、込み合った枝は根元から間引いておくとよい。3～4年ごとに株分けやさし木での更新を。

収穫＆利用のコツ

若い葉を順次摘み取って料理などに利用します。花は食用やポプリに利用できますが、花を咲かせてしまうと葉の風味がやや落ちます。葉をドライにする時は、開花前の若い葉を収穫すると高い香りが残ります。

すっきりとした香りとほろ苦い風味で、肉料理、特にひき肉の臭み消しや、ピクルス、マリネ、ビネガーなどに。

フレッシュの葉を緑茶やハーブティーに。古くから「長寿の薬草」として愛飲され、疲労回復や抗酸化作用があります。

個性いろいろ Variety of セージ

グレープフルーツ・セージ
ほんのりと柑橘系の香りで、気分を明るくします。

パープル・セージ
新葉が暗紫紅色のスタイリッシュな株姿。

ゴールデン・セージ
明るい黄色の斑入り葉で、ガーデン素材としても人気。

ホワイト・セージ
浄化作用があるといわれ、宗教儀式に利用されたことで知られます。

センテッド・ゼラニウム

Pelargonium spp.

科名　フウロソウ科

別名　ニオイゼラニウム、ニオイテンジクアオイ、センテッド・ペラルゴニウム、ローズゼラニウム

一般に、ゼラニウムの名で出まわる植物は主に花や葉を観賞しますが、中でも香りがよいものをセンテッド・ゼラニウムと呼びます。ただし、植物分類上は、いずれもゼラニウム属ではなくペラルゴニウム属です。

花は小振りですが、四季咲きタイプも多くあります。コレクターも多く、『ガーデンスケッチ』の著者サラ・ミッダも愛好家として知られます。

DATA

- 日あたり
- 水やり　表土が乾いたら
- 草丈　20～100cm
- 分類　多年草（半耐寒性）
- 増やし方　さし木、タネまき
- 利用部位　葉、花

どんなハーブ？

丈夫で育てやすい鉢花としておなじみのゼラニウム。「花はみごとだけれど、クセのある香りがちょっと…」と思われがちですが、仲間には香水の原料にされるほど香りがよいものも多いのです。それらを総称して、センテッド（香りのある）・ゼラニウムと呼びます。

原種、交配種を含めて非常に多くの種があり、香りもバラに似たもの、フルーツやスパイス、ミントやアーモンドに似たものなどさまざま。花や葉の形、色、大きさも変化に富み、この仲間だけでもコレクションしたくなるほどです。

育て方のポイント

春からは旺盛に生長します。肥料切れに注意し、伸び過ぎた枝を切り戻しながら育てましょう。株が老化して葉や花が小さくなったときや、バランスよく伸びずに株姿が乱れたときは、葉を4枚ほど残して短く切ると、再び勢いのよい新芽が伸びて姿が整います。寒さにやや弱いので、晩秋以降は室内に取り込みましょう。暖地では耐寒性の強い品種を選んで防寒すれば越冬可能です。

栽培カレンダー

	1月	2月	3月	4月	5月	6月	7月	8月	9月	10月	11月	12月
苗の植え付け												
タネまき												
花期	品種によって											
収穫												
作業								さし木		切り戻し	さし木	

栽培メモ

◉適した場所

日あたりと風通しのよい環境を好む。耐寒性が弱い種は、冬は室内に。暖地では、寒風のあたらない南向きの軒下で、防寒を。

詳しくは次ページ

◉水やり

乾燥と過湿に弱いので、土の表面が乾いたらたっぷりと与える。高温多湿を嫌うので、梅雨時はできれば雨のあたらない場所で管理を。冬は水やりを控えめに。

◉病害虫

アブラムシやコナジラミ、ヨトウムシの被害に注意。

◉植え付け

栽培株がタネを付けることもあるが、香りや葉姿など親株の性質とは違うことがある。タネはあまり出まわらないので、苗を求めるか、さし木で増やして植え付ける。

◉肥料

植え付け時に元肥を施し、生育期には追肥を施す。

◉作業

冬越し後の株をそのまま育てると、株姿が悪くなる。春先に新芽が伸びてきたら、葉を4枚ほど残して古い茎を切り戻す。

Gardening Tips

切り戻しで株姿を整えて。

蚊連草《かれんそう》も同様に

蚊が嫌う香り成分を含むという蚊連草も、センテッド・ゼラニウムの仲間。同じように管理しましょう。

収穫＆利用のコツ

葉は順次収穫して香り付けに。乾燥しても香りが残ります。花はあまり香りませんが、料理やお菓子の飾りに利用しましょう。

フレッシュな葉を手でパンとたたき、温めたミルクやはちみつに入れて香り付けに。香りが移ったら取り出します。クッキーなどの焼き菓子は、葉を表面に付けてもOK。

葉柄を束ねて浴そうに浮かべれば、リラックス＆すっきり効果のハーブバスに。

個性いろいろ Variety of センテッド・ゼラニウム

スノーフレーク・ゼラニウム

名前の通り、葉の表面に雪を降らせたような斑（ふ）が入ります。

アップル・ゼラニウム

甘いリンゴの香りがただようゼラニウム。生育旺盛で、1mほどに大きく株が育ちます。

ナツメグ・ゼラニウム

マットな質感の丸葉で、スパイスのナツメグやユーカリに似たシャープな香り。花は四季咲き性が強く、長く楽しめます。

ペパーミント・ゼラニウム

ミントに似た香りの葉は、表面が柔毛で覆われてベルベット状。草丈が低く半ほふく性で、横に広がります。

Guide to Uses

▶精油は抗炎症作用や鎮痛作用があるとされ、ハーブバスに用いられます。
▶変化に富む香りが感性を動かし、働き過ぎのストレスや焦燥感を鎮める効果があるといわれます。

センテッド・ゼラニウムの切り戻し&さし木

収穫するときに、少しだけ切ることを繰り返すと、しだいにバランスが崩れてきます。ときには思いきって切り戻しましょう。切った茎はさし木で増やせます。

POINT
★ときには思いきって短く
★2回に分けて切ってもOK

1 バランスが乱れた株

先端ばかり収穫したことで、先端のわき芽は増えたがバランスが悪くなってしまった。
切り戻しをして株姿を整え、株元の新芽の伸長を促そう。

支柱を立てるのが遅れたのもNG

葉の重みに耐えられず、倒れてしまった…

本来は、支柱を立ててこんな姿になるはず…

2 切り戻して株姿を整える

込み入った部分の枝を根元から切る。

完成

この株の場合、株元に新芽が出ていないために少なめに切り戻した。本来は強剪定して株の若返りをはかりたいところなので、新芽が伸びた後で、再び切り戻すとよい。

check up!

生長したら再びココでカット!

株が根付いて新芽が伸びたら、下葉の落ちた古い枝を切り戻す。

Key Word

強剪定って？

一度にたくさんの量を剪定する（＝切る）こと。見た目を整える目的と、新芽の伸長を促し、新しく勢いのよい枝を増やして株の若返りをはかる目的があります。

3 生長に応じて支柱を立てる

同じ株と思えないほどに大きく生長した！

収穫をかねて短く切り戻してもよいが、株を大きくしたいときは葉の重みで倒れないように支柱を立てる。

晩秋まで、切り戻しをかねてどんどん収穫しよう。

切り戻してから冬越しを

冬越しのために室内に取り込む前に、半分以下に切り戻してコンパクトな株姿にしましょう。株が大きいままだと管理が大変な上、寒さによるダメージを受けやすくなります。

春になって新芽が出てきたら、古い茎を切り戻して新芽の伸長を促します。

4 切った茎を利用してさし木で増やす

切り戻した茎のまっすぐで充実した部分を利用する。

２～３節ずつに切り分け、下葉を落とす。

同様にさし穂をつくる。

湿らせたさし床に穴をあけ、垂直にさす。

倒れないように軽く押さえる。

葉が触れあわない程度にさして完成。さし床が乾かないように管理を。

ソサエティ・ガーリック

Tulbaghia violacea

科名
ユリ科

別名
ツルバキア・ビオラセア（学名）、スイートガーリック、ルリフタモジ（瑠璃二文字）

清楚な花はもちろん花茎も、やはり強いガーリックの香り。

青葉（斑の入らない緑色）種も。

シャープな葉で、白い縁取りがある斑（ふ）入り種 ‘バリエガータ’。‘シルバーレース’ の名でも流通します。

DATA

- 日あたり
- 水やり
  表土が乾いたら
- 草丈　20～60cm
- 分類　球根植物
  （多年草扱い）
- 増やし方
  株分け、タネまき
- 利用部位　全草
  （主に香りを楽しむ）

どんなハーブ？

シャープな草姿全体からガーリックとニラを合わせたような強い香りが漂う、個性的なハーブです。春から秋には、長く伸びた花茎の先に、紫桃色の清楚な房咲きの花を咲かせます。別名のルリフタモジはニラを意味する「二文字」と、美しい花色から付けられたよう。ただし、ニラのように食用にするより、香りを楽しむ程度にした方がよいでしょう。

この強い香りを嫌う害虫もいることから、コンパニオンプランツとしても期待されています。ハーブガーデンの縁取りに植えるのにもおすすめで、特に斑《ふ》入り種は花のない時期も軽やかな印象をプラスします。仲間のツルバキア・フレグランスは甘い香りの花が咲き、切り花としても流通します。

育て方のポイント

生育が旺盛で、ほとんど手間がかかりません。暑さや寒さにも強く、沖縄では帰化が報告されています。

地植えの場合、4～5年は植えっぱなしでもよいでしょう。コンテナ植えでは、1～2年ごとに植え替えます。

栽培カレンダー

	1月	2月	3月	4月	5月	6月	7月	8月	9月	10月	11月	12月
苗の植え付け			●	●	●	●				●	●	
タネまき			●	●		●			●	●	●	
花期		（環境によって）		●	●	●	●	●	●	●	●	
収穫			●	●	●	●	●	●	●	●	●	
作業			●	●	●	●	株分け					

Gardening Tips

詳しくは次ページ

株立ちの苗を購入すると手軽

春先に球根を植え付けてもよいですが、球根が小さいので大きく育つまでにやや時間がかかります。

株立ちに育った苗を植え付けると、手軽にボリューム感のある株姿が楽しめます。

底にかたまった根は、手でほぐしてから植え付けます。

栽培メモ

◉適した場所

日のよくあたる場所が適する。半日陰でも育つが、やや軟弱に育ち、花付きが悪くなりがち。－5℃程度まで耐えるので戸外で越冬するが、霜にあたると枯れることがある。冬は室内に取り込むか、株元を腐葉土などで覆って保温を。

◉水やり

コンテナの場合は、土の表面が乾いたらたっぷりと与える。乾燥には比較的強く、過湿を嫌う。地植えの場合、雨があたる場所なら水やりは不要。

◉病害虫

刺激臭が害虫を防ぐ効果があるといわれるほどで、ほとんど心配はない。

◉植え付け

幼苗を植えるときは、株元が2～3㎝ほど埋まる深さに植え付ける。1株ずつ植えてもよいが、株立ちの方が見栄えがするので、数株まとめて植えるのが一般的。

◉肥料

生育が旺盛なので、元肥は控えめでよい。チッ素分の多い肥料を与え過ぎると、葉ばかり茂って花が咲きにくくなる。花も楽しみたいときは、三要素がバランスよく含まれた肥料を与える。

◉作業

地植えの場合4～5年は植えっぱなしでも育つが、株が混み合ったときは株分けを。小さな株は株元を手で分けるが、大きく育った株はナイフかハサミで切り分ける。

収穫＆利用のコツ

ソサエティ・ガーリックの強い刺激臭は、害虫が嫌う効果があるといわれます。葉や花茎を折ったり少し傷つけると、いっそう強く香りが広がります。

お皿の端に彩りとして葉を添えるだけで、テーブルいっぱいにガーリックの香りが広がります。食後に臭いが心配な日も、食欲増進効果のある香りが満喫できそう。海外では食用にもされているようですが、香り付けとして利用し、食べるときは取り除くとよいでしょう。

ハーブガーデンの縁取りに植えたり、数株ずつを各所に配置するのもよいでしょう。環境が合えば、春から秋まで長く花を楽しめます。

球根植物ですが花後にできるタネからも育ち、こぼれダネでも増えます。丈夫で花期が長いので、花壇の縁取りに。

半日陰でも育つので、シェードガーデンに重宝。

Guide to Uses

▶香りには気分を高め、食欲を増進する効果も。食用にはせず切り花や香り付け程度に。
▶足湯に加えると体を芯から温める作用があり、関節痛や冷え性対策にも用いられます。

ソサエティ・ガーリックの植え替え

鉢の中に根がいっぱいになると、
生育が急に悪くなります。水を与えても
吸収できず、水切れしてしまうのです。
早めに大きな鉢に植え替えましょう。

POINT
★底に巻いた根はほぐしてから
★生長して株元が
込み入ったら、植え広げを

1 植え替えが遅れて根詰まりした株

ポット苗を購入し、同じくらいの大きさの鉢に植え付けた株。生育した根ですぐに鉢の中がいっぱいになり、生育が悪くなってしまった。

苗を植え付けるときは、ひとまわり以上大きなサイズを選ぶこと。

株元

土の量が減り、株元が露出してしまった。

LOOK!

2 枯れた葉や、はかまを取る

枯れた葉先はハサミでカットする。

枯れたはかまは根元から手で取る。

はかまって？

Key Word

葉鞘（ようしょう）や苞葉（ほうよう）などの俗称で、ここでは株元の茶色に変色した部分のこと。見た目が悪いだけでなく、害虫の温床になりかねないので取り除きます。

3 ひとまわり大きな鉢に植え替える

株元をしっかり持って鉢から抜き取る。

表面部分から、少しずつ根を崩す。

底部分に指を差し入れて中心の根も軽くほぐす。

4 生長したら株を分ける

約半年後

大きく育ったが、水切れして葉が倒れ、だらしない印象に。鉢の中が根でいっぱいになって根詰まりしているので、株分けして植え替える。

鉢から株を抜き取る。

からみあった根をほぐしながら、株を分ける。

株を分けたところ（5～6本ほどに小さく分けてもOK）。

株元が2cmほど埋まるように植え付ける。

完成

鉢底から流れ出るまでたっぷりと水を与えて、植え付け完成！

check up!

秋に株分けしたら葉を切り詰める

寒さにやや弱いので、葉の緑の部分を3～4cm残して切り戻し、株元を腐葉土などで覆って寒さ対策をしておこう。

株元が適当な高さになるように株をすえ、根の周囲に土を入れていく。

根の間に隙間が残らないよう、鉢をトントン叩いて土を落ち着かせる。

鉢底から流れ出るまで、たっぷりと水を与えておこう。

約3ヶ月後

株元から新芽が伸びて、ずいぶんとボリュームアップした！

タイム

Thymus vulgaris

科名
シソ科

別名
(品種によって)コモンタイム、ガーデンタイム、タチジャコウソウ、イブキジャコウソウなど

料理に使われるタイムとしておなじみのコモンタイム。同じ立ち性で柑橘の香りのするレモン・タイムやオレンジ・タイムなどをいっしょに育てても楽しい。

ワイルドタイムや、その仲間の日本にも自生するイブキジャコウソウは、ほふく性でカーペット状に広がり、春先のガーデンを鮮やかに彩ります。

DATA

- 日あたり
- 水やり　表土がやや乾いたら
- 草丈　15～40cm
- 分類　多年草(耐寒性)、常緑小低木
- 増やし方　さし木、株分け、タネまき
- 利用部位　葉、花

どんなハーブ?

やや厚みのある細かい葉がたくさん付き、清々しい強い芳香があります。高い抗菌作用や鎮痛作用が知られ、古代エジプトでは防腐剤として、古代ローマでは入浴剤や浄化などに、古代ギリシアでは兵士の強靭さと活力の向上に香りを用いられたといわれます。

種類が多く、直立するタイプと這《は》うように広がるほふくタイプ（クリーピングタイプ）に分かれます。料理によく使われるのは立ち性のコモンタイム(和名タチジャコウソウ)、ガーデンを彩るにはほふく性のワイルドタイム（ヨウシュイブキジャコウソウ）など。目的によって品種を選びましょう。

育て方のポイント

生育が旺盛で栽培は容易。特にほふくタイプは、茂り過ぎてしまうほどです。株元の通気が悪いと枯れ込むので、まめに切り戻しや込み入った茎葉をすき、風通しをよくしましょう。直立タイプも伸び過ぎると倒れ、株元が蒸れる原因になります。春先、花の後、猛暑期、晩秋など、年3～4回くらい短く切り戻すと、美しい株姿が保てます。

栽培カレンダー

	1月	2月	3月	4月	5月	6月	7月	8月	9月	10月	11月	12月
苗の植え付け			━	━	━	━			━	━	━	
タネまき				━	━				━	━		
花期				━	━	━	（品種によって）					
収穫	━	━	━	━	━	━	━	━	━	━	━	━
作業			株分け	株分け	株分け・さし木	さし木			さし木	さし木	さし木	

Gardening Tips

花後は切り戻してすっきりと!

生育が旺盛ですぐに茂るので、花後は短く刈り込みましょう。

詳しくは次ページ

花壇の縁よりはみ出た部分を刈り込む。

込み入った部分をすき、株元の枯れ枝をかき出しておく。

ほふく性のタイムは花壇の縁取りに最適。このままだと株元が枯れ込んで見た目が悪くなるので、刈り込む。

花壇の縁から垂れ下がるように生長し、あふれるように花を咲かせた。

株を持ち上げると、株元がすでに枯れ始めている。

栽培メモ

◉適した場所

日あたりと風通しのよい場所を好む。ほふく性の種は花壇の縁取りに向く。鉢植えの場合は深鉢に植えて鉢縁から垂れ下がるように仕立てるとよい。

◉水やり

表土が乾いたら、たっぷりと水を与える。やや乾燥した環境を好むので、水の与え過ぎに注意。冬は生長もゆっくりなので、土の表面が乾いてから１～２日して与えるくらいでよい。

◉病害虫

ほとんど心配ないが、高温多湿で株元が蒸れるとカビが発生したり根腐れ病が発生することがある。

◉植え付け

大きく茂るので、生長するスペースを確保して植え付ける。排水のよい環境を好むので、花壇に植える場合は土を10cmほど盛って畝をつくって植え付けるとよい。

◉肥料

肥料が多過ぎると香りが弱くなるので、控えめに。植え付け時に元肥を与え、春先など生長が旺盛な時期に追肥を少量与える。

◉作業

花後は花より下で刈り込む。ほふく性は、生育が旺盛な株は株元から５cmほど残して刈り込んでよい。立ち性は年に３回を目安に強めに剪定（せんてい）する。

収穫＆利用のコツ

若い葉を順次摘み取って利用します。花は食用やポプリに利用できます。葉だけを利用するときは、茎を持って指先で葉をしごくときれいにとれます。ブーケガルニなどにするときは茎ごと利用を。

ピリッとしてそう快感のある風味で、肉料理や魚料理の臭い消しや香り付けに。ローリエなどといっしょに束ねたブーケガルニは、煮込み料理などに活躍します。

乾燥させても香りが残ります。レモン・タイムやオレンジ・タイムなどのフレッシュリーフをティーに加えると、刺激がソフトですっきりとした風味に。

Guide to Uses

- ▶全草にチモールなどを含み、消炎、殺菌の作用を持ちます。ティーは消化不良や気管支炎などに用いられます。
- ▶香りは、気分や集中力を高める効果があるとされます。
- ▶妊娠中の使用は控えた方がよいでしょう。

タイムの株分け

タイムは生育が旺盛なので、
鉢植え株は毎年植え替えを。
地植えでも3～4年に一度は植え替えて
株の若返りをはかりましょう。

POINT
★株を小さくして負担を軽減
★株を切り分けて、ゆとりをもって植え付ける。

1 根詰まりして生長が悪くなった株

植え付けてから3年ほどたった株。鉢の中に根がいっぱいになると根詰まりを起こし、水を与えても吸収できなくなってしまう。
株を分け、ゆとりを持って植え付けよう。

新芽
新芽は生長しているが、弱々しい。

株元
古い根茎が表土を覆っている。

LOOK!

2 切り戻して株姿を整える

このまま株を分けるより、一度刈り込んだ方が、勢いのある新芽が多く出てくる。全体を5～8cm残して、短く刈り揃える。

茎が絡まったり曲がっている部分は伸ばして切る。

切り戻したところ。切った葉はそのまま料理などに使うか、ドライにして保存を。

3 株を分ける

鉢を逆さにして、鉢から株を抜く。

根鉢を手で崩し、古い土を落とす。

株元の枯れた茎を取り、からみ合った根をほぐしながら、株を分ける。

根の間に隙間がないよう、用土を足し入れる。

たっぷりと水を与えて完成。今はやや寂しい印象でも、ほふく性のタイムは生長が早く、数カ月でこんもりと育つので大丈夫。

個性いろいろ Variety of タイム

フレンチ・タイム

立ち性。コモンタイムの中から、特に風味のよいものを選択して名付けられた品種。

マスチック・タイム

別名スパニッシュ・マジョラム。斑（ふ）入り種は、周囲を明るく演出します。

ドーヌバレー・タイム

ほふく性のタイムはカーペット状に広がり、グラウンドカバーにも最適。

株を分けたところ。

分けた株は、生長する余裕をもって、いくつかの鉢に植え付けよう。

4 新しい用土で植え付ける

植え付けたときに株元がちょうどよい高さになるよう、少量の土を入れてから株をすえる。

根を少し広げながら配置するとよい。

株元の高さをチェック！

チャイブ

Allium schoenoprasum

科名　ユリ科

別名　セイヨウアサツキ、エゾネギ、シブレット

シャープな葉姿で繁茂しないので、ガーデンの手前や境界線を描くように植えるのに向きます。

DATA

- 日あたり
- 水やり　表土がやや乾いたらたっぷり
- 草丈　20～40cm
- 分類　多年草(耐寒性)
- 増やし方　タネまき、株分け
- 利用部位　葉、花

ピンクの愛らしい花は、エディブルフラワーとして楽しめます。

アサツキに似た姿で、春にはピンクの丸い花が咲いてガーデンを彩ります。

どんなハーブ？

日本のアサツキの仲間です。春から夏にはボンボンのような愛らしいピンクの花を咲かせ、ハーブガーデンをやさしく彩ります。

ネギ属特有の香りは、硫化アリルという成分。消化液の分泌を促し、ビタミンB_1の吸収を高めます。肉や魚料理、特にB_1を多く含む豚肉料理といっしょに食べると効果的。美肌効果のあるビタミンCも含まれます。葉が繊細で香りがマイルドなので、ぜひ生食に。生ネギが苦手な方でも味わいやすく、さまざまな料理に向きます。殺菌効果が高く、おべんとうづくりにも重宝します。

育て方のポイント

栽培が楽でほとんど手がかからず、日なた～半日陰でよく育ちます。根が分かれて大株に育ちますが、しだいに生育が悪くなります。鉢植えでは毎年、地植えでも2～3年ごとに掘りあげて株分けしましょう。耐寒性がありますが、冬は生育が止まり地上部が枯れます。根が凍らないように保温して冬越しさせると、早春には再び株元から新芽が伸びます。

栽培カレンダー

	1月	2月	3月	4月	5月	6月	7月	8月	9月	10月	11月	12月
苗の植え付け				━━	━━							
タネまき			━━	━━					━━	━━		
花期				━━	━━	━━						
収穫		（室内では周年）		━━	━━	━━	━━	━━	━━	━━	━━	
作業			━━	━━					━━	━━ 株分け		

Gardening Tips

詳しくは次ページ

数本まとめて育てます

1本ずつ株間をあけて育てるより、数本まとめて育てた方が発育がよいので、間引きはしなくてOK。

光があると発芽しにくい嫌光性で、発芽までには2週間ほどかかります。厚めに覆土し、水切れしないように管理しましょう。

苗を入手すると手軽

花が咲くのは通常2年めから。花付き苗は生長が早いのが利点ですが、根詰まりしていることがあります。根鉢を崩し、新しい用土となじみやすくして植え付けましょう。

栽培メモ

◉適した場所

日のあたる場所を好むが、半日陰でも育つ。室内の日あたりのよい窓辺でも育ち、一年を通じて少しずつ収穫できる。

◉水やり

乾燥に比較的強いが、水切れすると葉が折れたり葉先が茶色になったりする。表土が乾いたら、たっぷりと与えること。冬は地上部が枯れるが根は生きているので、雨があたらない場所では表土が乾いてから2～3日後を目安に控えめに与える。

◉病害虫

新芽や花にアブラムシがつくことがある。特に花につくと駆除がやっかいなので早めに対処を。

◉植え付け

苗は5～6本ずつまとめて植え付ける。ネギの仲間は多湿で株元や根が腐りやすいので、植えた直後は水を控えめに。

◉肥料

植え付け時に元肥を与え、春から初夏の収穫期と、秋の収穫期の後に追肥を。肥料が多いと大きく育つが、繊細な風味がやや損なわれるので注意。

◉作業

株が増えるのが早く大きく育つので、鉢植えでは毎年、地植えでも2～3年ごとに株分けする。株が老化すると風味が落ちることがあるので、その場合は新しい株を用意するとよい。

収穫＆利用のコツ

20cmほどに育ったら、必要な分を切って利用できます。葉が密生したら地ぎわから2～3cmほど残して刈り取ると、次の葉が出やすくなって再び大きく育ち、たくさん収穫できます。

繊細な風味で、長ネギよりマイルド。刻んでサラダに加えたり、クリームチーズやバターに練り込んで。卵やじゃがいも料理などのトッピングにも最適です。加熱すると風味が落ちるので、仕上げの段階で加えるのがコツ。

料理バサミで切ると楽。

マッシュポテトを利用したかんたんビシソワーズも一瞬でレストランの味に。香り成分は揮発性なので、料理の仕上げに。

Guide to Uses

▶殺菌作用や抗菌作用があり、体を温める働きも。風邪や冷え性対策に。
▶硫化アリルやビタミンCは長い加熱に弱いので、生食か料理の仕上げに。

チャイブの植え替え&株分け

鉢が小さ過ぎたり、植え替えが遅れると
水を与えてもうまく生長しなくなります。
適当な鉢の大きさに植え付けて、
生長に応じて株分けをしましょう。

POINT
★鉢は5号鉢以上を選ぶ
★込み入ってきたら株分けを

1 植え付けた鉢が小さく、うまく育っていない株

ポット苗を購入し、同じ大きさの鉢に入れ替えて育てた株。すぐに鉢の中が根でいっぱいになり、水を与えても吸収できずに弱ってしまった。
大きな鉢に、新しい用土で植え替える。

上からチェック
土が減って表土が低くなり、株元の風通しも悪い。

株の状態は…
ひょろひょろで、植え付けたときより細い。

2 株を分け、新しい用土で植え付ける

株元を持って鉢から抜く。

根鉢の底にかたまっている根を、引きはがすように少しずつほぐす。

長過ぎる根をハサミで切る。

株の根元を持ち、引きはがすように株を分ける。ひとつの束が5～6本ずつになるように。

鉢に用土を少量入れる。

3～4つの束を等間隔に配置し、植え付ける。

根鉢の表面が新根で覆われ、鉢の中が根でいっぱいだったのがわかる。

根鉢を半分に切り分ける。

ココがコツ

葉からの蒸散を少なくするため、地ぎわから10cmほど残して切る。

からみ合った根を軽くほぐす。

1鉢に3〜4束ずつ、新しい用土で植え付ける。

完成

植え付け完了。2つの鉢から交互に収穫していくと、ダメージが少なくてすみ、早く株が大きくなる。

株が倒れないように株元を軽く押さえる。

ネギ類は植え付け後に水を控えるが、鉢植えの場合は与えてもよい。2〜3日は風通しのよい日陰で管理を。

完成

3 生長したら株を分ける

約3ヶ月後

大きく生長した！地ぎわの近くで刈り取って新芽を伸ばしてもよいが、根詰まりが心配なので株分けして植え替える。

株元 それぞれがぶつかりあうほどに株が太った。

葉姿
株が大きくなると、鉢土がすぐに乾いてしまう。葉が折れているのは、水切れさせてしまったため。

LOOK!

ティーツリー

Melaleuca alternifolia

科名　フトモモ科

別名　メディカル・ティーツリー、レモン・ティーツリー、シルバー・ティーツリー、マヌカなど、近縁属も含めて、多くがティーツリーと呼ばれる

ティーツリー（メディカル・ティーツリー）／葉からつくられるオイルは、抗細菌作用、抗真菌作用、防臭効果があり、広く活用されます。キンポウジュ（金宝樹）の仲間で、ブラシを思わせる白花を咲かせます。

レモン・ティーツリー／レモンとオレンジをミックスしたようなフレッシュな香りで、ハーブティーやハーブバスに利用できます。ギョリュウバイ（御柳梅）の仲間で、似た花が咲きます。

DATA

- 日あたり
- 水やり　表土がやや乾いたら
- 草丈　〜7mくらいまで育つ
- 分類　常緑中低木（半耐寒性）
- 増やし方　さし木、タネまき
- 利用部位　葉

どんなハーブ？

ティーツリーの名が付く植物はいくつもあります。ティーツリーオイルの原料となる別名メディカル・ティーツリー（*Melaleuca alternifolia*）は、松ヤニを思わせるすっきりとした香りで、高い殺菌力、抗感染力があります。古くはオーストラリア先住民のアボリジニが万能薬として愛用したようですが、広まったのは20世紀以降。各国で医学的な研究が進み、過去の世界大戦では軍兵士の常備薬にも用いられたそう。近年、MRSAなど薬剤耐性菌に対する有効性も明らかになり、再注目されています。仲間のメラレウカ属には、主に観賞用の種も多くあります。レモン・ティーツリー（*Leptospermum petersonii*）は、柑橘系の心地よい芳香で、ティーに利用できます。

育て方のポイント

日あたりのよい場所を好みます。生長が早く育てるのは容易ですが、水切れすると葉がバラバラと落ちてしまいます。春〜夏は生育が旺盛で乾きやすいので注意しましょう。冬は株元を腐葉土などで覆うなど保温を。先端を切り戻すと、コンパクトに整います。

栽培カレンダー

Gardening Tips

切り戻しながら育てます

生長する姿を思い描き、整枝しながら育てます。

生長が早く、15cmほどの苗が4ヶ月後には70cm以上に。枝が伸び過ぎてバランスが悪くなってきたので切り戻して幹を太らせ、がっしりとした株姿にします。

さし木

なるべく太い部分の枝で、さし穂をつくる。

6～7cmに切って下葉を落とし、十分水あげしてからさす。

通常発根までに1ヶ月以上かかるので、乾燥させないように管理を。

切り戻し

先端の芽と、バランスを崩す枝を切り戻す。

ティーツリーはどこで切ってもOK。すっきりした株姿に。

約半月後、明るい緑色の新芽が、勢いよく伸びた！

栽培メモ

◉適した場所

日あたりがよく、強風のあたらない場所を好む。冬の低温にやや弱いので、株元をマルチングして寒風を避ける。寒冷地では鉢植えにして、冬は室内に。

◉水やり

水切れすると葉先が枯れ込む。生育期はたっぷりと、冬は土の表面が乾いて1～2日たって与えるくらいの控えめに。

◉病害虫

風通しが悪いとカイガラムシが付くことがあるので、早めにこすり落とす。

◉植え付け

苗より2～3まわり大きなサイズの鉢に植え付け、生長に応じて順次大きな鉢に植え替える。地植えにする場合も、株が小さいと冬越しがむずかしいことがあるので、初年度は鉢で育てるとよい。

◉肥料

真夏も休まずに旺盛に生長するので、元肥と追肥を施す。

◉作業

先端の芽を摘むか切り戻すと、小枝が増えてコンパクトに育つ。3～4年は切り戻し以外は収穫を控えると、がっしりと育つ。

収穫＆利用のコツ

ティーツリーは剪定に強い植物ですが、植え付けて3～4年は株を育てることを主目的に。切り戻した枝は、おおいに利用しましょう。

小なべで煮出したエキスをこして、浴そうのお湯に加えれば全身浴に。バケツやたらいにティーツリーを入れて熱湯をそそぎ、適温になれば手浴や足浴に。

暖地ではメインツリーに適します。メディカル・ティーツリーは初夏にふわふわの白花が咲き、雪をかぶったような美しさに。広い場所を選ぶか、剪定してコンパクトに育てます。

びんに葉を入れ、ウォッカをひたるくらいまでそそぎます。二週間くらいしたらペーパータオルでこして、チンキに。

Guide to Uses

▶まるで森林で深呼吸をしたようなすっきりした香りで、気持ちをポジティブにする効果があるといわれます。

▶抗細菌作用、抗真菌作用が高く、薬剤耐性菌にも効果があります。防臭効果も高いので、幅広い用途に利用されます。

バジル

Ocimum basilicum

科名
シソ科

別名
メボウキ、バジリコ、ガーデンバジル

気温の低下と共に濃く色付くアフリカンブルーバジル。

やや葉が小振りで魚料理とも相性のよいレモン・バジル。

シナモン風味のシナモン・バジル。緑茶に加えて味わうティーは絶妙。

清楚な白花はサラダの飾りやティーにも。

ほのかに甘味のある香りのスイート・バジル。育てやすく使いやすい、イタリア語のバジリコの名でも親しまれるハーブです。

DATA

- 日あたり
- 水やり　表土がやや乾いたら
- 草丈　30〜90cm
- 分類　一年草または多年草
- 増やし方　タネまき、さし木
- 利用部位　葉、タネ

どんなハーブ?

チーズやトマト料理と相性がよく、高い香りが食欲をそそります。体を温め、元気を回復させるハーブとしても知られます。βカロテン、マグネシウム、ビタミンK、カリウムやカルシウムを豊富に含むので、健康野菜としてもさまざまに味わいたいものです。

おなじみのスイート・バジルのほか、レモンやシナモンの香り、紫葉タイプなど品種が豊富で花と葉の香りが異なります。タネから育てるのも容易なので、いろいろな種を育てると楽しいでしょう。

育て方のポイント

苗の段階から、先端の芽を摘み取ってわき芽を伸ばす「摘芯《てきしん》」を繰り返すと、枝数が増えて収量が増します。花が咲くと風味が落ちるので、花を利用しない場合は花穂は早めに切り取りましょう。高温性のハーブで、15℃以下だと生育が悪くなります。多くはタネから育つ一年草ですが、アフリカン・ブルーバジルなど多年性種はさし木で増やし、0℃以下にならない場所で越冬させます。

栽培カレンダー

	1月	2月	3月	4月	5月	6月	7月	8月	9月	10月	11月	12月
苗の植え付け												
タネまき												
花期												
収穫												
作業								さし木	切り戻し			

Gardening Tips 1

詳しくは次ページ

摘芯すると収穫量UP!

購入した苗は、まず先端の芽を摘む「摘芯」を。わき芽が伸びてこんもりと育ち、葉数が増します。

Gardening Tips 2

さし木に挑戦!

バジルはさし木で増やすのもかんたん！　先端の弱い部分を避け、かたく充実した部分をさし穂に使用します。

3～4節付けて切り分け、下葉を落としてさし床にさす。

明るい日陰で乾燥させないように管理を。2週間前後で掘りあげて定植できる。

栽培メモ

◉適した場所

日あたりがよく、排水性のよい場所を好む。真夏の強光にあてると葉がかたくなるので、半日陰に移動させるか、遮光すると生食に向くやわらかい葉が収穫できる。

◉水やり

表土が乾いたら、たっぷりと水を与える。梅雨時は過湿と日照不足で徒長しやすいので水やりの回数は控えめに、夏はやや多めに。

◉病害虫

アブラムシやイモムシ、ヨトウムシ、ハモグリバエなどがつきやすい。高温乾燥でハダニの被害が出ることがあるので、ときどき葉裏にも水をかけるとよい。

◉植え付け

地植えでは株元が木化して大きく育つので、株間を40～50cmほどとって植え付ける。鉢植えではコンパクトに育つので、7～8号鉢に3本仕立てくらいでもよい。

◉肥料

植え付け時に元肥を与え、生長に応じて追肥を与える。

◉作業

収穫をかねて切り戻しをしながら育てる。7～8月上旬頃に一度深く刈り取ると、新芽が伸びてボリュームが増し、長く収穫できる。高温を好む一年草で、気温が下がると枯れてくる。無理をして冬越しさせず、翌年にまた新しい苗を育てよう。

収穫＆利用のコツ

苗のうちから、間引き菜、摘芯や切り戻しをした茎葉を利用できます。家庭ではフレッシュのまま利用するか、オイルやビネガーに漬けたり、ジェノバペーストなどに調理して保存するとよいでしょう。

葉は長く加熱せず、生のまま利用するか調理の仕上げに加えると風味が引き立ちます。スライスしたトマトやチーズに飾るだけでおもてなし料理に。多めのオイルで炒めたカリカリバジルは、冷ややっこやレタスサラダなどのトッピングに合います。

生葉をハーブティーに。レモン・バジルやシナモン・バジルは、すっきりとした味わいと香りで緑茶とも相性抜群。

バジルとオイル、ナッツ類をあわせて「ジェノバペースト」をつくっておけば（つくり方→15ページ）、ふだんのサラダがおもてなし風に！

バジルをタネから育てる

日々の調理に大活躍するスイート・バジル。
タネから育てるのも容易です。
苗を購入した場合も、間引きや切り戻しをしながら育てると収量がアップします。

POINT
★タネまきは気温が高くなってから
★摘芯や切り戻しをしながら育てる

1 タネをまく

タネの発芽適温が高いので、気温が20～25℃になった頃にタネまきするとよい。早めにまくときは室内で育てるか、夜間は保温を。鉢の８分目くらいまで用土を入れ、水を与えて十分湿らせる。

タネが重ならないように、ばらまきする。

吸水するとゼリー状の物質で覆われます

バジルのタネは、水を吸うとゼリー状の物質で覆われるのが特徴です。和名の「メボウキ」の名は、この物質で目を洗ったことに因むそう。近頃は、ジュースに加えて噛みごたえのあるダイエットドリンクとしても注目されます。

吸水したバジルのタネ

バジルのタネは光によって発芽が促進される光好性なので、ごく薄く覆土する（土をかける）か、ビンのふたなどで上から押さえ圧着する。

ココがコツ

発芽して根付くまでは、土を乾燥させないこと。ジョウロで水やりするとタネが流れてしまうので、霧吹きか浸透灌水で湿らせる。
発芽が揃うまでは窓辺で管理すると楽。

Key Word

浸透灌水(しんとうかんすい)って？

ボウルや洗面器などに水を入れ、鉢ごと浸して鉢底から吸水させる水やりの方法。底面灌水ともいいます。高温時は水が腐りやすいので、土が十分湿ったら、水からあげて管理を。

2 間引きをしながら苗を育てる

約2週間後

２～３日で発芽し始め、１週間ほどで発芽が揃う。

重なりあって出た芽は、生長の悪い方を抜いて間引く。間引き菜もバジルの風味が味わえる。

3 収穫をかねて切り戻しながら育てる

先端の葉だけを収穫していくと株のバランスが悪くなり、しだいに葉が小さくなってくる。7～8月上旬に収穫をかねて半分くらいに切り戻すと、再びこんもりと茂り収量が増す。

カットした位置のすぐ下にある葉の付け根の部分から小さい芽が伸び、側枝を伸ばします。

約3ヶ月後

花穂は早めにカットを。

追肥を与えながら管理する。気温が低くなったら日のあたる窓辺で管理すると、秋遅くまで収穫できる。

残した芽の根が持ち上がって倒れないよう、少量の土をかけて「増し土」をする。
よく日のあたる場所で管理し、生長して隣り合った苗と葉が重なるようになったら、同様の手順で間引きながら育てる。

約1ヶ月後

本葉が４枚ほどに生長した！

地中では根がからみ合って生長しはじめているので、ハサミで株元からカットして間引くと楽。

約1.5ヶ月後

鉢植えの場合７～８号鉢に２～３本残すのが目安。苗の本数が多いと、ひょろひょろとした株に育つので注意。

約2ヶ月後

葉を少しずつ収穫しながら育てた株。

パセリ

Petroselinum crispum

科名
セリ科

別名
オランダゼリ、モスカールドパセリ、パラマウント（品種名）

ビタミン、ミネラルが豊富で、強壮効果があり、体から毒素を排泄するデトックス効果も注目されています。

DATA

- 日あたり（多湿を好む）
- 水やり
  表土が乾いたら
- 草丈　10〜30cm
- 分類　二年草(半耐寒性)
- 増やし方　タネまき
- 利用部位　全草
  （2年め以降の根を薬用）

Guide to Uses

▶食欲増進、利尿、強壮効果があります。貧血や循環器障害をやわらげたり、毒素を排泄するデトックス効果も。

▶葉のティーは効果が高いが、妊娠中は控える。

どんなハーブ？

パセリにはここで紹介する、葉が縮れるタイプ（縮れ葉系）と、平たいタイプ（平葉系）があります（→イタリアンパセリ58ページ）。ビタミンA、C、鉄分などのミネラル分を豊富に含むので、飾りとして用いるだけでなく、さまざまな料理に使いたいものです。

香りには、呼気をさわやかにする効果があります。西洋料理のつけ合わせに用いられるのは、料理を美しく彩るとともに、食後に口の中をさっぱりとさせてくれるからでしょう。口臭予防のサプリメントなどにも、パセリの成分が含まれているものが多くあります。

育て方のポイント

地中まっすぐに太い根が伸びる直根性で細い根が少ないので、移植はせずに直まきして間引きながら育てます。ただし発芽までの時間が長く、なかなか揃わないため、苗づくりに手間がかかります。たくさん育てるのでなければ、苗を入手して植え付けると楽。根をなるべく崩さず植え付けましょう。ポット苗の根が回っている場合でも、崩さないで植え付けた方が失敗が少ないようです。

栽培カレンダー

Gardening Tips

長く大事に育てるより どんどん新しい苗を

鉢で育てた株は、収穫するうちに葉の縮れが少なく痩せてきます。早めに次の株を準備しましょう。

植え付けから約10ヶ月後

葉先
縮れが少ない。

株元
葉を収穫した跡が露出。

植え付けから約3ヶ月後

葉先
きれいに縮れている。

株元
がっしりとした印象。

栽培メモ

◉適した場所

日がよくあたり、風通しのよい場所が適する。半日陰でも育つが、やや軟弱に育つ。真夏の強光には弱く、温度が高過ぎると生育が鈍るか枯れるので、木もれ日程度の場所に移動するとよい。

◉水やり

乾燥と過湿に弱いので、土の表面が乾いたらたっぷりと与える。苗が小さなうちや低温期は、過湿で根腐れしやすいので注意。

◉病害虫

アブラムシやイモムシ、ハダニの被害にあいやすいので、早めに駆除する。

◉植え付け

ポット苗は3～4株が寄せ植えされているが、無理に分けると根が傷む。そのまま、なるべく根を崩さないように植え付ける。秋に植えると収穫は翌春からだが、株ががっしりと大きく育つ。

◉肥料

植え付け時に元肥を施し、生育期には追肥を施す。

◉作業

冬の低温で花芽分化する。花が咲くと葉が大きくならずに枯れることが多いので、トウ立ちし始めた株は早めに摘芯する（先端を摘む）とよい。

収穫＆利用のコツ

株が小さくても収穫できますが、根が十分育って葉数が増えてから収穫した方が長く楽しめます。外葉から順次摘み取って利用しましょう。

葉をみじん切りにして、バター、卵料理、肉料理、魚料理などさまざまな料理に加えます。茎はブーケガルニに最適。乾燥させても利用できますが、風味が弱まるので、冷凍保存するとよい。

きれいな濃緑の葉は、ガーデンのカラーリーフとしても重宝します。特に春先の寄せ植えやガーデンの彩りにおすすめ。

根元から剥がすようにして収穫を。

フィーバーフュー

Tanacetum parthenium

科名 キク科

別名 ナツシロギク、マトリカリア、ワイルドカモミール、フェザーフュー

一重の花は、ドライフラワーや押し花などにも向きます。

よく分枝して、愛らしい花を数多く付けます。血流の悪さによる偏頭痛に効果があるとされ、体を温める入浴剤にも用いられます。

DATA

- 日あたり ☀
- 水やり（多湿を好む）
  表土が乾いたら
- 草丈　30〜80cm
- 分類
  多年草（一年草扱い）
- 増やし方
  タネまき、さし木、株分け
- 利用部位　葉、花

どんなハーブ?

カモミールに似た愛らしい花をたくさん咲かせ、旺盛な生命力からワイルドカモミールの別名があります。キク科特有のややツンとする香りがあり、ティーは苦味が強いものの偏頭痛に効果があるとされます。近年、抗がん作用や男性型脱毛症への効果も注目されています。

切り花や花壇苗としてはマトリカリアの名でよく出まわり、八重や黄色葉種などの品種もあります。ティーに利用するなら、ハーブ用として売られているものを選びましょう。

育て方のポイント

本来は多年草ですが、夏の暑さに弱いので一年草扱いにすることもあります。風通しのよい場所に植え、まめにすいたり切り戻したりして蒸れを防ぐのがコツ。暑い時期は病害虫の被害にあいやすいので、早めに対処しましょう。鉢植え株は、涼しい場所に移動します。花後は刈り込んでじょうずに管理すれば、秋には再び新芽が勢いよく伸び出します。冬は霜にあたって枯れることがあるので、株元を腐葉土などで覆って保温を。

栽培カレンダー

Gardening Tips

根鉢を崩して植え、切り戻しながら育てます

苗の根がかたまったままだと、新しい土に根を張るまでに時間がかかります。ほぐしてから植え付けましょう。梅雨前には、思いきって1/3ほどに切り戻します。

切り戻し

約1ヶ月後。暑さのダメージで下葉が落ち始めた。

株の1/3ほどを残して切り戻し、風通しのよい涼しい場所で管理する。

再び新芽が伸びてこんもり育った！

植え付け

ポット苗をふたまわり大きな5号鉢に植え付ける。

根鉢の底にかたまった根を、ハサミで切り落とす。

根を軽くほぐす。

鉢の中央に植え付ける。

栽培メモ

◉適した場所

日あたりがよく、風通しのよい場所が適する。鉢植え株は、夏は涼しい場所に移動させるとよい。

◉水やり

高温多湿に弱く根腐れしやすいので、土の表面が乾いたらたっぷりと与える。

◉病害虫

アブラムシ、ハモグリバエ、ハダニの被害が大きく、梅雨以降はうどん粉病や灰色カビ病が出ることがある。

◉植え付け

ポット苗の根がかたまっているときは、ほぐしてから植え付ける。先端の芽を摘んで摘芯しておくと、わき芽が伸びてこんもりと茂る。

◉肥料

植え付け時に元肥を施す。生育期に追肥を施すと大きく茂るが、暑さで弱った時期は与えないこと。

◉作業

高温多湿で弱りやすいので、梅雨の前に枝をすくか刈り込むかして風通しをよくしておく。

収穫＆利用のコツ

葉があるうちは、いつでも摘み取ってティーなどに利用できます。切り戻しをした茎葉は、乾燥させて保存しましょう。

葉を生のままか、開花前に茎ごと収穫して乾燥させてから刻み、熱湯をそそぎます。苦い味にはすっきりする効果がありますが、ハチミツやオレンジピール、ラベンダー、カモミールなどとブレンドするとマイルドに。

小花が次々と咲いて、ガーデンを彩ります。ほかのハーブや草花といっしょに、コンテナに寄せ植えするのにも適します。

花も葉も入浴剤やフェイシャルスチームに利用でき、体を温め、リラックス＆疲労回復の効果があります。

Guide to Uses

▶パルテノライドという成分が含まれ、血液の流れをよくし、炎症を抑える効果があります。ティーは偏頭痛対策に用いられます。育毛や抗がんの作用も注目されています。
▶葉は苦く、生のまま食べると口内に刺激を感じる場合があります。
▶妊娠中や抗凝固剤との併用は避けましょう。

フェンネル

Foeniculum vulgare

科名
セリ科

別名
ウイキョウ（茴香）

各国料理に広く利用されるスイートフェンネル。

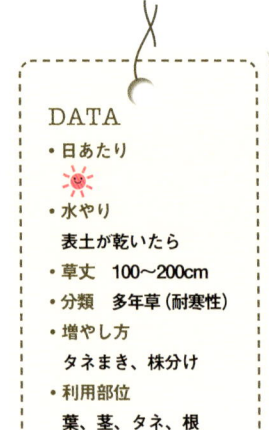

DATA
- 日あたり
- 水やり
  表土が乾いたら
- 草丈　100～200cm
- 分類　多年草（耐寒性）
- 増やし方
  タネまき、株分け
- 利用部位
  葉、茎、タネ、根

新芽はネコジャラシみたいでかわいい！

やわらかい羽を思わせるフェンネル。葉先が紫を帯びる銅葉のブロンズフェンネルは、ガーデンを個性的に演出します。

どんなハーブ?

古代エジプトより栽培されていたとされるほど歴史が古く、世界の各地で食用や薬用に利用されています。日本でよく出まわるのはスイートフェンネル、銅葉のブロンズフェンネルの2種と、タネをスパイスとして利用するフェンネルシードでしょう。イタリアで品種改良されたフローレンスフェンネルは、株元が肥大し、根も食用にします。中国ではフェンネルのことをウイキョウ（茴香）と呼び、八角（大茴香）と並んで愛用されますが、茴香と大茴香は名前と香りは似ているものの別種です。

すっきりとした香りで、調理によって西洋風、中華風、エスニック風に仕上がります。ほんの少量でぐっと「本格的」な風味がプラスでき、日々の料理に重宝します。

育て方のポイント

細根が出にくいので、移植はできるだけ避けましょう。草丈が高くなるので、場所を選んで植え付けを。大きな深鉢を利用すれば、鉢植えも可能。コンパクトに育ち、横に大きく広がらないので、ベランダでも楽しめます。

栽培カレンダー

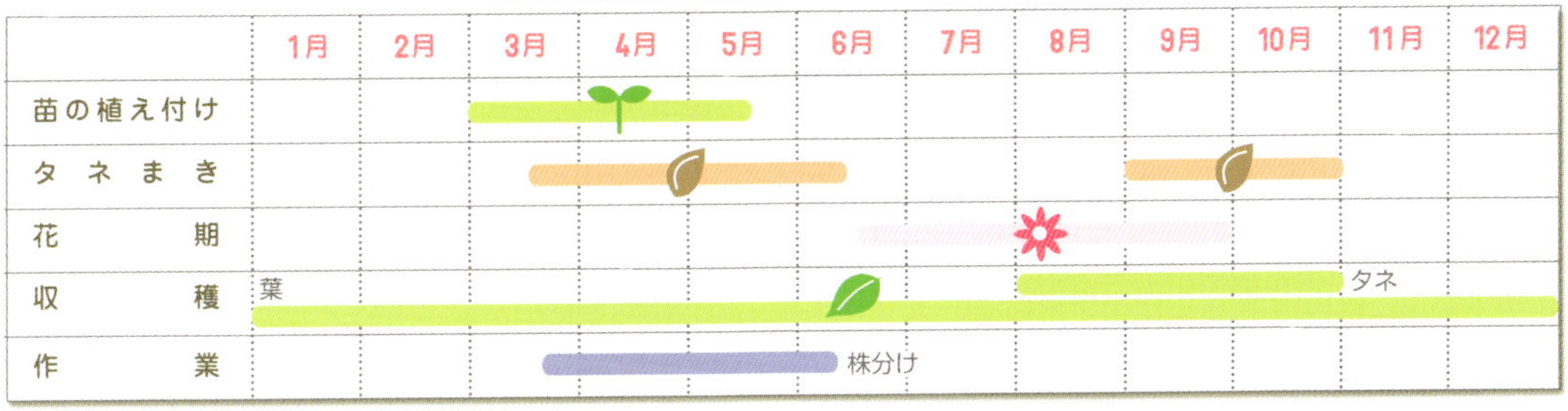

栽培メモ

◉適した場所

日がよくあたる風通しのよい場所を選ぶ。冬は地上部が枯れるが、5℃以上あれば戸外で越冬できる。

詳しくは次ページ

◉水やり

常にジメジメしていると根腐れしやすい。表土がやや乾いたらたっぷりと。水切れすると葉先が茶色になったり茎が折れたりする。茎が中空で、折れると復活が難しいので注意を。冬は地上部が完全に枯れず生長するので、雨があたらない場所では表土が乾いてから2～3日後を目安に与える。

◉病害虫

アブラムシやカメムシ、イモムシ類がつくことがあるので、見つけしだい早めに駆除する。

◉植え付け

大きく育った苗は根付きにくいので、小さめのものを選ぶとよい。秋にも苗が出回ることがあるが、春に定植した方が安心。大きく育つので、地植えでは株間を60cm以上とり、鉢植えでは30cm以上の深鉢を選ぶ。根鉢は崩さない。

◉肥料

植え付け時に元肥を施し、生育期には追肥を施す。

◉作業

2年以上育てた大株の株元に増えた新芽が根を張っていれば、株分けが可能。掘りあげて、それぞれに根が残るように切り分け、株間を取って植え付ける。株分け後は水あげが悪いので留意。

黄色の小さな花が集まって、花火のように咲きます。そのまま生食でき、清涼菓子を思わせる食感で甘く、さわやかな香り。

Guide to Uses

▶駆風効果や、利尿作用、痰を抑える作用があります。
▶胃の働きを高めて消化や食欲を促進させる作用や、口臭を消す効果があります。

Gardening Tips

早めに切り戻すと、もう一度楽しめます

花が咲いた後はしだいに株姿が乱れ、風味も悪くなりがちです。夏の盛りがくる前に、早めに株元で切り戻しましょう。やや姿が小さくなりますが、初秋には再びやわらかい葉を収穫できます。

太い茶色の親株の根元から、新芽が出た！

切り戻しをして1ヶ月後には、ここまで生長。

収穫＆利用のコツ

葉がふわっと広がって、20cmほどに育ったら収穫できます。清涼感のある独特の香りで、ほんのり甘味があります。たくさん収穫できるとたくさん使いたくなるものですが、ほんの少量使うのがコツ。

葉は生のままサラダにあえたり、ピクルスやシーフードの冷製と相性抜群。サーモンやスズキなど淡白な魚は、葉を上に乗せてホイル包みに。魚の臭みが取れ、ほんのり甘い香りが食欲をそそります。

カラーリーフとしても重宝。大株になるので、ガーデンの背景になる場所に配置しましょう。

タネはリキュールの香り付けに使われます。生葉を冷やしたジンや焼酎に入れれば、フェンネルハイに。

フェンネルの植え付け

本来は、ポット苗を入手したら
すぐに大鉢に植えますが、
ここでは、段階をふんで
鉢を大きくする方法を紹介しましょう。

POINT
★鉢は30cm以上の深鉢を
★根鉢は崩さずに植え付ける

1 ポット苗を大きなポットに仮植えする

入手したポット苗は、大きな鉢に植え付けるが、ポットに仮植えして育苗してもよい。

ポットの下をつぶすようにして、引き抜く。

根鉢を崩さず、表土のコケや雑草などを取る。

ポットに少量の土を入れてから中央に株をすえ、新しい用土で植え付ける。

2 大きな深鉢に、定植する

深さ30cm以上の大きめの鉢を準備する。

本来は、苗はすぐに定植を

フェンネルは株の大きさに対して根が少なく、移植がやや困難。株が大きくなると植え替えのダメージも大きくなるので、入手した苗はすぐに大きな鉢に植え付けましょう。

ただし、気温が安定しない時期に苗を入手した場合には、ポットに仮植えして育苗するのも一法です。気温が上昇してから定植すれば、多少のダメージがあっても回復が早いからです。ベランダなど限られたスペースで育てる場合も、同様に育てられます。

Garden Note

タネまきにも挑戦！

線香花火のような小さなフェンネルの苗は、見ているだけでほっこり和む姿です。

ぜひ、タネから育ててみましょう。秋にタネまきをして、春に定植するのがおすすめ。ポットに5粒くらいのタネをまき、2～3回間引いて育てます。間引き苗もフェンネル特有の香りがしますから、利用しましょう。

ふた葉が出たところ。重なって出た芽があれば間引く。

株元に土を足して「増し土」をする

よく日にあてて育てよう。

本葉3～4枚になったら再び間引く。

check up!

花が咲いた後は、株姿が乱れて葉もまばらになってきます。そのまま育ててもよいですが、株元から思いきって切り戻すと、再び新芽が伸びてコンパクトに生長します。

順調に育てれば株元に新芽が伸びてくる。

株が育ち、花が咲いた！

鉢底ネットを敷き、ゴロ土をひと並べ入れてから、用土を入れる。

植え付けたときに、鉢の上部に水がたまるスペースができるように株の高さを調節し、植え付ける。

植え付け後に、土の上に水がたまる空間ができるように。

鉢底から流れ出るまでたっぷりと水を与えて完成。2～3日は半日陰に置き、以降はよく日にあてて育てよう。

約1ヶ月後

約1mほどに生長。草丈が高くなると株が倒れやすくなるので、早めに支柱を立てて育てよう。フェンネルは葉柄が伸びてふんわりと株がボリュームアップするので、写真のようなリング状の支柱を利用するとよい。

マロウ

Malva sylvestris

科名
アオイ科

別名
ウスベニアオイ、ハイ・マロウ、ツリー・マロウ、トール・マロウ、コモンマロウ、ゼニアオイ、ウスベニタチアオイ

マロウには多くの仲間があり、変化が豊富で交雑しやすい性質もあります。丈夫で花が次々と咲くので、ハーブとしての利用はもちろん、夏花壇を彩る花壇材料としても人気です。

ゼニアオイの名は、丸い花が一文銭を思わせることから名付けられたといわれます。

同じく背丈ほどに伸びるタチアオイ属のブラック・マロウ。

どんなハーブ?

ゼニアオイ属のコモンマロウは「ウスベニアオイ」の和名があり、粗毛のある茎が特徴です。茎に毛がない亜種のコモンマロウ・モルチアナは「ゼニアオイ」の和名があり、日本では最もおなじみのマロウでしょう。花色がきれいでティーによく利用され、レモンを入れるとブルーからピンクに変化する様子も楽しめます。いずれも、「コモンマロウ」の名で出まわることがあるようです。

タチアオイ属のマーシュマロウの名は、「湿地のマロウ」を意味します。古くは、本種の根を原料にしてやわらかい咳止め剤がつくられました。ふわふわで甘いお菓子のマシュマロの名は、この薬のつくり方がヒントになったことにちなみます。

DATA

- 日あたり
- 水やり
  表土がやや乾いたら
- 草丈　50～200cm
- 分類　二年草（耐寒性）
  または多年草
- 増やし方
  さし木、タネまき、
  株分け
- 利用部位　花、葉、根

育て方のポイント

こぼれダネで野生化するほど丈夫です。生育が旺盛で大きく育つので、株間を広めに植え付けましょう。花が咲く前のまだ寒い頃に切り戻しをすると、わき芽が伸びて花数も増えます。

栽培カレンダー

※コモン・マロウの場合

	1月	2月	3月	4月	5月	6月	7月	8月	9月	10月	11月	12月
苗の植え付け			━	━	━				━	━		
タネまき				━	━				━	━		
花期				━	━	━	━	━	━	━ 品種によって異なる		
収穫					葉	━	━	━	━	━	━ 花	
作業			━	━ 株分け								
				━	━	━	━	━	━ さし木			

栽培メモ

詳しくは次ページ

◉適した場所

日あたりがよく排水性のよい場所を好む。夏の高温には強いが蒸し暑さで枯れることがあるので、風通しのよい場所を選ぶとよい。コモンマロウなど草丈が高くなる大型種は、花壇の後方に配置を。

◉水やり

表土が乾いたら、たっぷりと水を与える。マーシュマロウは湿り気のある環境を好むので、表土がやや乾いたら水やりを。

◉病害虫

アブラムシやハマキムシがつきやすいので、早めに対策を。幼苗のうちはヨトウムシにも注意。

◉植え付け

鉢植えでは大鉢に植えるか、コンパクトに育つ品種を選択する。地植えでは大きく育つので、株間は80cm以上とって植え付ける。

◉肥料

肥料分が多いと大きく育つが株姿が乱れがちで、もてあますことも。元肥のほかは与えないか、生育に応じて控えめでよい。

◉作業

春先に切り戻すと、枝数が増える。寒さで地上部は枯れるが、根は生きている。地ぎわから2～3芽残して短く切り、控えめに水を与えて冬越しさせる。

収穫＆利用のコツ

マロウは一日花で、開花した日の夕方にはしぼんでしまいます。花を利用するときは、晴れた日の午前中に摘み取るとよいでしょう。ざるの上などに重ならないように並べ、風通しのよい日陰で乾かすとドライに。

生やドライの花は、淡いブルーのティーになります。色は時間とともに変化し、そのままおくと濃い紫～茶色に。スライスしたレモンを浮かべると、さっと鮮やかなピンク色に変化し、だんだんとオレンジ色に変化する様子も楽しめます。

葉にはわずかにぬめりがあり、若い葉を湯通ししてからおひたしや炒めものにすると美味。花も生食できるので、サラダに入れれば鮮やかな彩りをプラスできます。

Guide to Uses

▶香りと味はほとんどありませんが、葉と花に粘液質を含み、ティーには粘膜の保護や、去痰、利尿、便通に効果があるといわれます。

▶ドライの花や葉を煎じた液は、のどが痛むときのうがいや、おできやはれものがあるときの湿布に利用されます。

※収穫＆利用のコツは、コモンマロウについて記載

個性いろいろ Variety of マロウ

マーシュ

マーシュマロウ

葉や茎が白い軟毛に覆われて、ビロードのような質感。「ビロードアオイ」の和名でも呼ばれます。マロウの中でも薬効が高いとされ、お菓子のマシュマロの語源となったことでも知られます。

シルバーリーフに白花が浮かび、夏花壇に涼やかさを運びます。

ムスク

ムスクマロウ

ほのかにムスクの香りがあり、「ジャコウアオイ」の和名でも呼ばれます。茎が細く全体に繊細な印象で、30～60cmほどにこんもりと育つことから花壇やコンテナ栽培にも向きます。

清楚な白花のムスクマロウ'アルバ'

淡いピンクのムスクマロウ'ロゼア'

ムスクマロウの植え替え&さし木

マロウの仲間ではコンパクトに育つ
ムスクマロウですが、鉢が小さ過ぎると、
すぐに根詰まりを起こします。
切り戻してから植え替えをしましょう。

POINT
★本来は開花中の植え替えは避けたい
★株を小さくして負担を軽減

1 小さな鉢に植え付けて根詰まりした株

植え付けた鉢が小さく、根詰まりした株。ひょろひょろとした姿で、葉色も悪い。ムスクマロウはコンパクトに育つが、最低でも6号鉢以上に植え付けたいもの。

本来は開花期の植え替えは避けたいが、このままでは生長が悪くなる一方なので大きな鉢に植え替える。

LOOK!

水や栄養が不足すると葉色が悪くなる

根詰まりすると水や養分を与えても吸収できず、葉が枯れたり葉色が悪くなる。変色した葉は緑には戻らないので、根元から摘み取る。

2 切り戻して株姿を整える

植え替えによるダメージをなるべく小さくするため、株姿をひとまわり小さく整える。間延びして倒れそうな茎は、節の上で短く切り戻す。

曲がって伸びた茎は、根元から切り取る。

3 ふたまわり大きな鉢に植え替える

株元をしっかり持って、鉢から抜き取る。

根鉢の表面には新根が見えるものの、内部には枯れてしまった根も多く、健全に生長していないことがわかる。

枯れた根を取り除き、新しい土となじみやすいように根鉢の肩を少し崩す。

さし床に穴をあけてから、さし穂をさす。

倒れないように軽く押さえる。

葉が触れあわない程度に数本さす。さし床が乾かないように管理を。

Garden Note

大型種も同様にさし木を！

背丈ほどに伸びるコモンマロウなどの大型種も、同じ要領でさし木ができます。植え付け時や開花後など、切り戻しをしたときには、切った茎を利用してさし木で増やしてみましょう。

新芽が伸び始めている節を選んで、さし穂をつくる（大きな葉は蒸散量が多いので利用しない）。

新芽を付けて7～10cmほどに切り分け、下葉を落としてさし穂をつくる。さし穂は1時間ほどきれいな水につけて水あげしてから、さし床にさすとよい。

株元の新芽が埋まらない高さに株をすえ、新しい用土で植え付ける。

たっぷりと水を与えて完成。新芽が勢いよく伸びてきたら、間延びした古い茎を切り戻すと、いっそう株姿が整う。

4 切り戻した茎を利用してさし木で増やす

切り戻した茎のうち、かたく充実した部分を利用して、さし木で増やす。

2～3節ずつ切り分け、下葉を落とす。

ミント

Mentha spp.

科名　シソ科

別名　セイヨウハッカ

ミントはすーっとする清涼感のある香りで、お菓子、ドリンク、芳香剤、湿布薬、うがい薬……と、多くのシーンで香りや効果が利用されます。写真上は、リンゴの香りがするアップルミント。

DATA

- 日あたり
- 水やり
  表土がやや乾いたら
- 草丈　20〜90cm
- 分類　多年草（耐寒性）
- 増やし方
  タネまき、さし木
- 利用部位　葉、花

Guide to Uses

▶精油には殺菌、抗炎症作用があることが知られます。ティーは寒いときには温め、暑いときには冷やす作用があるといわれ、風邪や花粉症による呼吸器不全を緩和し、熱を下げるのに役立ちます。

▶香りの成分には神経の高ぶりや怒りなどをクールダウンする効果があり、疲れた心をいやす効果があるといわれます。

どんなハーブ？

「ペパーミントは世界最古の薬」の言葉があるように、ギリシア神話にも登場するハーブです。古くから世界の各地で薬用、料理の香り付け、防腐、殺菌、鎮痛、香水、入浴剤など、現代で利用されるシーンと同様に広く活用されました。

ミントの仲間は非常に多く、含まれる成分が種によって違い、香りも異なります。日本でも明治より北海道を中心に大規模に生産され、独自の品種改良や精油を抽出する技術が進みました。和製ハッカはメントールの量が多く、医薬品などに使われるハッカ脳の原料として注目され、合成品が普及するまでは日本が主要輸出国でした。

育て方のポイント

生育が旺盛で、育てるのも容易。日なたを好みますが、明るい日陰でもよく育ちます。下葉の落ちた茎を株元近くで切り戻し、地下茎から伸びる新芽を伸ばすと株姿が美しく整います。生長が早く根詰まりしやすいので、早めに株分けや植え替えを。切った茎を水にいけておけば発根し、楽に増やせます。

栽培カレンダー

栽培メモ

詳しくは次ページ

◉適した場所

日あたりがよく排水性のよい場所を好むが、半日くらい日があたる半日陰でもよく育つ。

◉水やり

表土がやや乾いたら、たっぷりと水を与える。梅雨時は過湿と日照不足で徒長しやすいので水やりの回数は控えめ、夏はやや多めに。

◉病害虫

通気が悪いとハダニ、アブラムシ、イモムシ類が発生しやすい。イモムシ類は食欲が旺盛で被害が大きいので、早めに駆除を。

◉植え付け

地植えでは株間を広くとるか、鉢を土中に埋めて植えるとよい。

◉肥料

与え過ぎると香りが弱まるが、養分が不足すると株がやせて葉が小さくなる。元肥を与え、生長に応じて少量の追肥を与える。

◉作業

収穫をかねて切り戻しをしながら育てる。株が込み合うと株元から蒸れて枯れ込むので、7～8月上旬頃に地ぎわから10～15cmほど残して深く刈り取る。

Gardening Tips

秋には地表近くまで切り戻してOK!

ミントは長く育てると、株元が木化してしだいに株姿が乱れます。冬には思いきって短く切り戻しましょう。地下茎や株元から小さな新芽が伸びて、春先には再びこんもりと美しい株姿が楽しめます。

枯れたような株元から、生長をはじめた新芽。

収穫＆利用のコツ

苗のうちから、摘芯や切り戻しをした茎葉を利用できます。ドライにするときには、花を咲かせる前のいちばん風味が増す時期に収穫を。

さまざまな料理の彩りに添えれば、いつもの料理がランクアップ。カットしたバナナやパイナップルに刻んだミントをあえると、後口のさっぱりしたデザートに。

個性いろいろ Variety of ミント

ミントは種類によって香りや草姿が違います。さまざまな品種をコレクションするのも楽しい！

クール・ミント

ペパーミントよりメントール成分が多く、清涼感が強くシャープな風味。ハーブバスなどに利用するとリフレッシュ効果大。

パイナップル・ミント

葉の周囲に白～クリーム色の斑（ふ）が入り、ガーデンや寄せ植えの彩りにも最適。パイナップルとリンゴをミックスしたやさしい香り。

コルシカ・ミント

1cmに満たない小さな丸葉。生育が旺盛で地面を這うようにカーペット状に広がりますが、蒸れに弱いのでグラウンドカバーには適しません。

スペア・ミント

甘味の強いすがすがしい香りで、お菓子の風味付けやティーにおすすめ。5cm前後の穂状に咲く花は食用にも。和名オランダハッカ。

2 摘芯や切り戻しで枝数を増やす

摘芯 先端の芽を摘み、わき芽の伸長を促します

茎のいちばん先端にある芽(頂芽)。

指先で葉の根元をつまみ、摘み取る。

摘み取ったやわらかい新芽

切り戻し

節のすぐ上でカットし、分枝を増やします

伸び過ぎた茎を節の上で切る。ミントは生育が旺盛なので、全体を低く切り揃えてもよい。

check up!

切った位置の下の葉の付け根から新芽が出て、大きく育ちます。

ミントを寄せ植えにして育てる

数種類のミントを植えれば、楽しみも倍増です。
長く育てると混じり合って生長するので、
株の境がわかるように植え付け、
短い間楽しむのがポイント。

POINT

★仕切りの中に植え付ける
★摘芯や切り戻しをしながらこんもり育てる

1 株を準備する

大きめの木製コンテナと6株のミントを用意。
ミントの仲間は大きく茂る。本来はこの株数は多過ぎだが、たくさんの種類を楽しむために、今回はあえてこの数に。

香りや株姿がさまざまなミントを各種チョイス

スイスリコラ・ミント

クール・ミント

パイナップル・ミント

グレープフルーツ・ミント

オーデコロン・ミント

ケンタッキー・カーネル・ミント

完成

底から流れ出るまでたっぷりと水を与え、植え付け完成。

4 収穫をかねて切り戻しながら育てる

約3週間後

新芽が伸び、ずいぶんとこんもり育ってきた。

伸び過ぎた部分を切り戻し、バランスよく見栄えを整えながら育てる。

約1.5ヶ月後

株元の土が見えなくなるほどに生長。

約2ヶ月後

コンテナが見えなくなるまでに生長した!

このままだと、コンテナがきゅうくつで根詰まりを起こしたり、株元が蒸れたりする。株を掘りあげて植え替えよう。

3 根鉢を崩し、ネットに入れて植え付ける

全体のバランスを見ながらポットのまま仮置きし、配置を決める。

ポットの下をつぶすように引き抜く。

根鉢を軽くほぐす。

ミントは生育が旺盛で細根も多いので、3/4くらいに崩してOK。

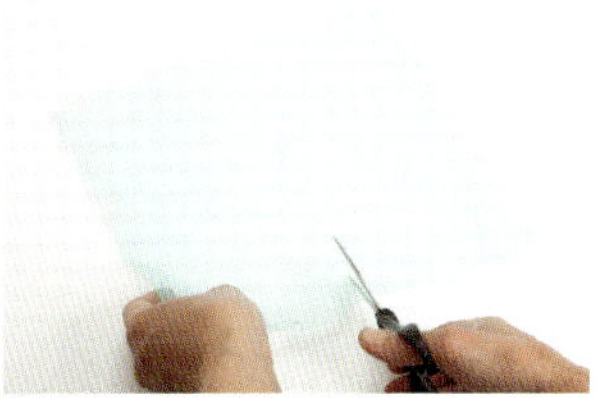

網戸の網や鉢底ネットなどを適当な大きさにカットし、ホチキスでとめて袋状にする。

袋に少量の土を入れる。

袋の中に苗の根鉢を入れ、用土を足す。

すべての株を袋に入れて配置し、隙間に土を足していく。

メキシカン・スイートハーブ

Lippia dulcis

科名
クマツヅラ科

別名
スイートハーブ・メキシカン、アマミコウスイボク、メキシカンリピア、アズテック・スイートハーブ

花は咲き始めはボンボンのような球状ですが、しだいに俵（たわら）状に伸びます。

気温が下がると、葉は赤く色付きます。

茎がツル状に長く伸び、ハンギングバスケットに植えると垂れ下がるように育ちます。

DATA

- 日あたり
- 水やり
  やや乾いたらたっぷり
- 草丈
  ツル状に長く伸びる
- 分類
  多年草（非耐寒性）
- 増やし方
  株分け、さし木
- 利用部位　葉、花

どんなハーブ?

ツタ状に這《は》って育ち、各節から愛らしい白花を咲かせます。リコリスに似た独特の香りがあり、葉や花を噛むと驚くほどの強い甘味があります。この甘味成分は糖類ではなくHernandulcinという物質で、ショ糖の1000倍も甘いといわれます。

アステカ文明の時代から利用され、アズテック・スイートハーブの名でも呼ばれます。甘い葉や根をガムのように噛んだり、マテ茶などの甘味付けに使用したり、タバコの香り付けにも使用されたようです。

育て方のポイント

非常に生育がよく、ほとんど手間がかかりませんから初心者にもおすすめ。長く伸びる茎が地面を這うように広がり、地面に触れた節から根を出します。ハンギングバスケット仕立てにすると、垂れ下がるように育ちます。

グラウンドカバーとしてよく利用されるイワダレソウの仲間ですが、本種は耐寒性が弱く、0℃以上が必要です。気温が下がると葉が赤く色付くので、その頃には室内に取り込むとよいでしょう。

栽培カレンダー

	1月	2月	3月	4月	5月	6月	7月	8月	9月	10月	11月	12月
苗の植え付け	室内ではいつでも		●	●	●	●	●	●	●	●	●	●
タネまき				●	●	●			●			
花期						●	●	●	●	●	● 環境によって周年	
収穫	（冬は室内で）●	●	●	●	●	●	●	●	●	●	●	●
作業				さし木	さし木	さし木	さし木	さし木	さし木	さし木	さし木	
					株分け	株分け						

Gardening Tips

詳しくは次ページ

さし木でかんたんに増やせます

気温が高い時期なら、すぐに根付きます。はじめての方も、ぜひ挑戦を。

❶

かたく充実した部分の茎を2～3節ずつに切り分ける。

❷

節の下1cmほどを切り、下葉を落とす。

❸

さし床にさし穴をあけてさす。

約10日後 ❹

新芽が勢いよく伸びた。

3週間後 ❺

❻

十分に発根したら、鉢などに植え付けよう。

栽培メモ

◉適した場所

日のあたる場所を好む。半日陰でも育つが、日あたりが悪いと間延びして軟弱になる。冬は室内に取り込む。霜と寒風があたらない環境で、株元を腐葉土などで覆い、苗キャップなどで保温すれば、0℃近くの低温にも耐える。

◉水やり

生育が旺盛で葉からの蒸散も多いため、土の表面がやや乾いたら十分に与える。気温が低い時期は水を控えめにし、土の表面が乾いてから与える。

◉病害虫

比較的少ないが、暑さと乾燥が続くとダニが発生することがあるので注意。

◉植え付け

コンテナで育てるのがおすすめ。ハンギングバスケットや吊り鉢仕立てにも向く。植え付け時に切り戻しておくと、枝数が増えてこんもりと育ち、収量も増える。

◉肥料

植え付け時に元肥を施し、生長期には、追肥として緩効性肥料を。生育が旺盛なので、猛暑を除く時期には薄い液肥を施すとよい。

◉作業

込み入った部分は、株元から茎を切って間引き剪定（せんてい）を。さし木でもよく増え、春～夏は花びんにいけておくだけで、数日で発根する。

収穫＆利用のコツ

葉のある時期なら、いつでも収穫できます。花を生で利用するときは、咲き始めを選びます。葉は、ざらついていて、食感はよくありません。生より火を通したほうが甘味があり、乾燥させるといっそう甘味成分がよく出ます。甘さがとても強いうえ糖類でないので、ダイエット中の甘味料としても利用されます。

お菓子づくりの甘味付けに。牛乳に葉をちぎって入れ、電子レンジで加熱すると、手軽に低カロリーの甘味が付けられる。

ほかのハーブとブレンドして甘味付けに。茎に葉と花を付けたままでOK。より甘味を出すには、1～2分煮出すとよい。

愛らしい花は、そのままで砂糖菓子のように利用できる。

Guide to Uses

▶甘味の成分はHernandulcinで、ショ糖の1000倍の甘味といわれます。
▶葉から採れる精油はリッピオールと呼ばれ、発汗作用や眠りをさそう効果があります。

メキシカン・スイートハーブの植え付け&取り木

茎が長くツル状に伸びるので、
吊り鉢仕立てにするのがおすすめ。
寒さが到来したら、室内の窓辺に吊るして
楽しむこともできます。

POINT
★吊り鉢仕立てがおすすめ
★切り戻しや取り木をして、こんもりと仕立てる。

1 ポット苗と吊り鉢を用意

吊り鉢の幅は25㎝。このサイズの吊り鉢だと通常は2～3ポットを植え付けるが、本種は生長が早く広がって育つので、1つでOK。

茎が長く伸びるので、適した器を選びましょう

根は深く張りませんが、横に這《は》うように伸びます。深い鉢や吊り鉢に植えれば、垂れ下がるように育ちます。

2 根鉢を崩して植え付ける

ポットの下をつぶすようにして、株を引き抜く。

ココがコツ

根がかたくからまっているときは、ハサミで切り込みを入れる。

新しい土となじみやすいよう、根鉢の底部分にかたまった根を崩す。

根鉢の肩を軽く崩す。

このくらいまで崩してOK。

少量の用土を入れる。

ココがコツ

茎がバランスよく広がって伸びるよう、株の向きを整える。

用土を足して植え付ける。

完成

たっぷりと水を与えておこう。

約3週間後

茎が勢いよく伸び、順調に生長。

3 茎を株元に留めて取り木をする

長く伸びた茎を株元の土に、U字ピン（針金をU字に曲げたもの）で留めつける。留めた部分は土を盛っておく。

約1.5ヶ月後

茎が器から垂れ下がるように伸びた！
U字ピンで留めた部分は、すでに発根しているのでピンを抜く。

元の茎と切り離すと新しい別の株となり、生長を続ける。
このようにして増やす方法を「取り木」と呼ぶ。

発根した部分を切り分けて植えてもOK

check up!

発根後に抜き取って切り分け、株元のあいたスペースに植えたり、別の鉢に植え付けたりしてもよい。

約2ヶ月後

全体にボリュームアップ！　伸び過ぎた茎は、ときどき思いきって短く切り戻すと、バランスよく育つ。

上から見たところ

ユーカリ

Eucalyptus spp.

科名 フトモモ科

別名 ユーカリノキ

レモンユーカリは、フレッシュなレモンの香りで精油やポプリに利用されます。表面に香りを含む繊毛があり、手で触れるだけでしばらく香りが残るほど香りが強く、ドライにしても香りがあせません。

丸葉で美しいシルバーリーフのギンマルバユーカリ（*E.cinerea*）やグニー種などは、日本では切り花やアレンジメントの花材としてよく用いられます。幼苗が多く出まわるようになり、寄せ植えの花材としても人気。

DATA

- 日あたり
- 水やり
  表土がやや乾いたら
- 草丈　10m～30m
- 分類　常緑高木
- 増やし方
  タネまき、さし木
- 利用部位　葉

どんなハーブ？

自生地では90m以上にもなる常緑高木で、種類が非常に多く葉の形も香りもさまざまです。明治の頃に渡来したとされますが、名が広まったのはコアラが来日した頃かも。生育旺盛で生長が非常に早く、海外の裸地化した土地で緑化目的に植えられるほどです。

葉には強い芳香があり、古くから薬用やアロマテラピーに利用されてきました。多くの種が精油として利用されますが、最も一般的なのは葉が披針形で青灰色味を帯びる、E・グロブルス。シャープなさわやかさの中にほのかに甘さを感じる香りで、強い殺菌効果があり集中力を高める効果もあるといわれます。

育て方のポイント

日なたを好み、地植えでは根が地中に広く張って大きく育ちます。生長してから移植するとダメージが大きいので、あらかじめ広めの場所に植え付けましょう。鉢植えではまめに切り戻しをして、コンパクトに仕立てます。生育が早いので水切れしやすく、一度水切れすると回復に時間がかかるので注意を。

栽培カレンダー

	1月	2月	3月	4月	5月	6月	7月	8月	9月	10月	11月	12月
苗の植え付け			●	●	●	●						
タネまき				●	●							
花期					●	●	●	●	●	(品種によって)		
収穫	●	●	●	●	●	●	●	●	●	●	●	●
作業			さし木		●	●	●	●	●			
					●	●	● 剪定					

Gardening Tips

摘芯&切り戻しをしながら育てましょう

ユーカリは生長が早く、日なたで温度があれば日に日に大きく育ちます。鉢植えでコンパクトに育てたいときは、枝を切り戻しながら育てましょう。

❶ レモンユーカリのポット苗を5号鉢に植え付けて、約1ヶ月後。

❷ 葉の重みで倒れはじめたので、支柱を立てる。

❸ 約3ヶ月後の春先。整枝して大きな鉢に植え替える。

❹ 一番先端の芽を切って摘芯する。

❺ 伸び過ぎたわき枝を切る。

❻ 新しい用土で鉢に植え付ける。

❼ 植え替え完成。生長が早いので、このくらいのバランスでOK。

栽培メモ

◉適した場所

日がよくあたる排水性のよい場所を好む。多くは耐寒性が強く、グニーは−10℃、グロブルスは−15℃くらいまで耐える。レモンユーカリはやや寒さに弱く、霜があたらない場所で株元にマルチングを。幼苗のうちは低温で葉が落ちやすいので、室内で管理する。

◉水やり

地植えで大きく育った株は、雨水程度の水やりでよい。幼苗や鉢植えは、表土がやや乾いたらたっぷりと。

◉病害虫

銀葉種にはほとんど発生しないが、まれにカイガラムシが発生する。レモンユーカリはアブラムシやイモムシ類がつきやすい。

◉植え付け

ポット苗の根がまわり過ぎているときは、軽く崩す。排水の悪い環境を嫌うので、地植えでは軽く土を盛ってやや高めに植え付ける。

◉肥料

植え付け時に元肥を施す。たくさん収穫したいときは、生育期に液肥を施す。

◉作業

生長に応じて早めに支柱を立てる。樹高をあまり高くしたくないときは、一番先端の芽を摘んで摘芯（てきしん）を。成株の剪定枝（せんていし）を使ってさし木で増やせる。充実した部分の枝を切り、バケツの水に枝ごと沈めて水切りし、そのまま一昼夜おいて十分水あげしてからさすとよい。

収穫&利用のコツ

いつでも利用でき、5〜7月は剪定をかねてたくさん収穫しても。ただし株が小さなうちは収穫を控えめにし、株の充実を優先させましょう。

枝を大きめのボウルに入れ、熱湯をそそいでフェイシャルスチームに。気分がリフレッシュし、肌もさっぱりします。

風通しのよい場所にさかさまに吊るしておくだけで、ドライの完成。銀葉系の種は茎がしっかりしていて葉が厚く長く美しい姿を保つので、リースやアレンジメントに重宝します。

Guide to Uses

▶強い殺菌作用を持ち、抗ウイルス、抗炎症作用があります。呼吸器系の働きを助け、花粉症や風邪の症状をやわらげる効果もあります。
▶クールな香りは気分をすっきりさせ、呼吸を楽にし、集中力を高めて心を前向きにする助けになるといわれます。

ラベンダー

Lavandula angustifolia

科名 シソ科

別名 イングリッシュラベンダー、コモンラベンダー、真正ラベンダー

細い花穂でシャープな草姿のコモンラベンダー。本種を中心としたラバンドゥラ系は、香りが高く精油の原料に多く用いられます。「万能の精油」といわれ、アロマテラピーでもっとも広く利用される精油のひとつです。

DATA

- **日あたり** ☀
- **水やり　表土が乾いたら**
- **草丈　20～100cm**
- **分類　耐寒性～非耐寒性常緑小低木**
- **増やし方　さし木、タネまき**
- **利用部位　葉、花**

豊かな芳香と美しい花色で、古くから人々に愛されてきたラベンダー。地中海沿岸地域原産で乾燥した冷涼な気候を好みますが、近年では日本の気候でも育てやすい種や園芸品種が多く出まわるようになりました。

どんなハーブ?

涼やかでやさしいフローラル調の香りは、古くから人々のいやしに用いられました。古代ローマではもく浴に用いて、香りを楽しみ、傷や炎症をおさえたり痛みをやわらげたりしたといわれます。香り成分は全草に含まれますが、つぼみに特に多く含まれます。精油抽出に多く利用されるラバンドゥラ系の*L. angustifolia*は、英国で品種改良が進んだことからイングリッシュラベンダー、コモンラベンダーの名でも呼ばれます。

育て方のポイント

非常に種類が多く、高い香りを楽しむのに向く種、丈夫で花壇での観賞に向く種などさまざま。耐寒性や耐暑性も異なるので、環境や目的に合った品種を選びましょう。乾燥した気候のやや荒れた土地に自生する植物ですから、水のやり過ぎは禁物。肥料も多く必要としません。花後は早めに花茎を切り、込み入った部分をすいて風通しをよくします。翌年も花をたくさん咲かせるには、古枝を短く剪定して株の若返りをはかるのがコツです。

栽培カレンダー

	1月	2月	3月	4月	5月	6月	7月	8月	9月	10月	11月	12月
苗の植え付け			●	●	●				●	●		
タネまき		●	●	●	●							
花期					●	●	● 品種によって					
収穫					●	●	●	● 緑葉は周年収穫可能				
作業		切り戻し	● 切り戻し	● 切り戻し	● さし木	● さし木	● さし木/切り戻し	● 切り戻し		● さし木/切り戻し	● さし木/切り戻し	

Gardening Tips 1

花後は早めに切り戻しを

詳しくは次ページ

花を長く咲かせると、株の生長が遅れます。がっしりした株に育てるためにも、七分咲きくらいで切りましょう。

収穫をかねて1/3ほどに刈り揃える。

OR

花茎の根元か、2〜3節付けて切り戻す。

4〜9月は葉の収穫をかねて間引き剪定しながら育てる。四季咲き性の品種は、伸びた新芽に再び花が咲く。

手入れが遅れると…

剪定を怠ると下葉の枯れが広がり、枯れてしまうことも。花後は早めに切り戻し、枝をすいて風通しよく育てましょう。

栽培メモ

◉適した場所

日あたりがよく、風通しと排水性のよい場所を好む。特に暑さに弱く乾燥を好む種は梅雨の長雨で弱ることがあるので、鉢植えにしてベランダやのき下などに移動するか、雨よけをするとよい。

◉水やり

表土が乾いたら、たっぷりと水を与える。高温多湿を嫌うので、水のやり過ぎに注意。

◉病害虫

風通しが悪いと、花にアブラムシがついたりハダニが発生することがある。

◉植え付け

風通しをよくするため、排水性のよい場所にやや土を盛って高めの畝(うね)をつくって植え付ける。

◉肥料

控えめでよく、夏の高温時に肥料を与え過ぎると株が弱る原因になる。株の植え付け時に元肥を与え、春先に追肥を少量与える。

◉作業

枝が込み合うと株元から蒸れて枯れ込むので、収穫をかねて切り戻しをしながら育てる。花は早めに花茎ごと切る。晩秋〜春に強剪定して株を更新し、株姿を整える。

収穫＆利用のコツ

花を利用するときは、つぼみの状態か2〜3輪咲いた頃、晴天が続いた日の午前中に収穫を。花はもちろん葉にも芳香がありますから、ぜひ利用しましょう。料理やティーにはコモンラベンダーを主に利用します。

ドライやフレッシュの花は、リラックス効果の高いハーブティーに。フレッシュの花を軽くもんで、アイスティーやレモンスカッシュなどに加えると上品な風味に。

生花は料理の飾りにするほか、エディブルフラワーとして食用にも。砂糖漬けやオイル漬けにすればお菓子づくりに重宝。

摘みたての花や葉は花束やアレンジに。風通しのよい場所に逆さに吊り下げておくとかんたんにドライになります。

Guide to Uses

▶鎮痛、抗菌、抗炎症作用が知られ、神経系の強化や体を温める効果があるといわれます。リラックスするのを助け、安眠にも効果的。

▶精油として広く利用されるのはコモン系ですが、カンファー成分を含むラバンディン系の精油はシャープな香りでリフレッシュ効果が高く、呼吸器系のトラブルなどにも用いられます。

ラベンダーの切り戻し&植え替え

元気のよい若枝を増やすには、
肥料をたくさん与えるより、
新芽が伸びていても、
思いきって切り戻すことが大切です。

POINT
★晩秋〜春先、花後の2回は強めに切り戻す
★切った枝を利用してさし木で増やす

1 下葉が落ち、姿が乱れた株

ほとんど切り戻しをしないで育てた株。下葉が落ち、株があばれてバランスが悪い。先端に新芽が伸びているが、このまま育てると翌年に弱々しい枝ばかりとなってしまう。
思いきって切り戻し、株元からの新芽の生長を促す。

先端の弱い芽でなく、株元の新芽の生長を促す

LOOK!

株元の新芽。これを伸ばすと、翌年には全体ががっしりとした株姿に育つ。

枝先の新芽。これを伸ばすと弱々しい枝となり、株姿も乱れる。

2 切り戻す

枯れた葉をていねいにとりのぞく。

地ぎわから10cmほど、もしくは5節ほど残して、短く刈り揃える。

新芽の伸びる方向や全体のバランスを見ながら、株姿が整うように切る。株元に葉や新芽を残さないと、芽吹かないことがある。葉や新芽の上で切ること。

切り戻したところ。

3 新しい用土で植え付ける

株元を持って鉢から抜く。

根鉢を少し崩し、軽く古土を落とす。

個性いろいろ Variety of ラベンダー

ラベンダーは種類が多く、形状や生態から数種のグループに分けられます。代表的なものを紹介しましょう。

ラバンドゥラ グループ

コモンラベンダーなどを含み、精油や香料の原料として広く知られる。寒さには強いが高温多湿を嫌う。

▶淡いピンク色のロゼア（コモン系）。

▲英国の代表的香料種ロイヤルパープル（コモン系）

▲耐暑性が高いグロッソ（ラバンディン系）。

▲シルバーリーフが美しいソーヤーズ。

デンタータ グループ

四季咲き性のあるデンタータ（別名フリンジドラベンダー）。育てやすいが耐寒性がやや劣るので冬は防寒を。

深く切れ込んだ鋸歯縁が特徴。

ストエカス グループ

花穂の先端に苞葉を持つ。香りはやや弱いが、ドライや花壇での観賞用に向く。

ストエカス（別名フレンチラベンダー）。ウサギの耳を思わせる花姿が特徴。

用土を足して植え付ける。

完成

鉢底から流れ出るまでたっぷりと水を与えて完成。寒さに弱い種は、晩秋以降は株元を敷きわらなどで覆ってマルチングしたり、南向きのベランダの日だまりに置いたりなどの防寒を。

約1ヶ月後

まだらだった新芽がぐんと生長し、ボリュームアップした！冬は生育がゆっくりになるが、春にはこんもりと育つはず。

4 切り戻した枝を利用して、さし木で増やす

切った枝はさし穂に利用できる。7～8cmに切り分け、下の2～3節の葉を落とし、1時間ほど吸水させる。

湿らせたさし床に穴をあけ、さし穂をさし、周囲の土を軽く押さえる。

約1ヶ月ほどで発根する。掘りあげて培養土で植え付けを。

完成

となりの葉と重ならない程度に数本さして完成。さし床が乾燥しないように管理する。

見ながらつくれる!
ラベンダースティック完全マスター

やさしい香りを閉じ込めたラベンダースティック。プレゼントにも喜ばれます。

やさしい香りで、リラクゼーション効果や安眠効果が知られるラベンダー。花茎を使って、香りのスティックをつくってみましょう。つくり方はとてもかんたん。

コツは、生のラベンダー奇数本を使うこと。

ドライでは、うまくつくれません。

そしてリボンの編みはじめは、ややきつめに編むこと。

ここでは、詳細をていねいに紹介します。

今まで挑戦してみたけれどよくわからなくて…

という方も、こんどはきっとマスターできるはず!

用意するもの

花穂から離れた花や葉は取る。

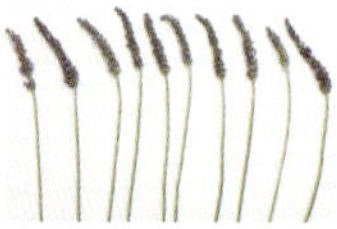

花穂が同じくらいのボリュームのものを使用すると仕上がりがきれいに。

花茎を長く切ったラベンダー奇数本（9、11、13本が目安)、リボン3〜6mm幅×約150cm、木綿糸。

1 花穂を束ねる

花穂の下を木綿糸できつめにしばる。

花穂の根元かららせん状に軽く糸をまき、まとめる。花にボリュームが少ない場合は、取った花や葉を加えて巻き込んでもよい。

花穂をまとめたところ。

2 リボンで結ぶ

花穂の約2.5倍の長さを残し、花穂の下をややきつめに結ぶ。

花穂を下にして持つ

２段め以降も同様にしてリボンを編み込む。ふんわりと編むと丸みを帯びた形に、きつめに編むとスリムに仕上がる。

上の段との間に隙間ができないよう、ときどきリボンを押し上げて形を整える。

花穂の下までリボンを編み込んだら、固めに結んでからリボン結びを。

好みの長さに花茎を切り揃える。

完成

風通しのよい場所で乾燥させて、できあがり。香りが弱くなったら、リボンを巻いた花の部分をぎゅっと握ると香りがたつ。精油をたらしてもOK。

3 リボンを編み込む

リボンを結んだ花茎の根元を、180度折り返す。茎に折り目を付けるように、１本ずつていねいに。

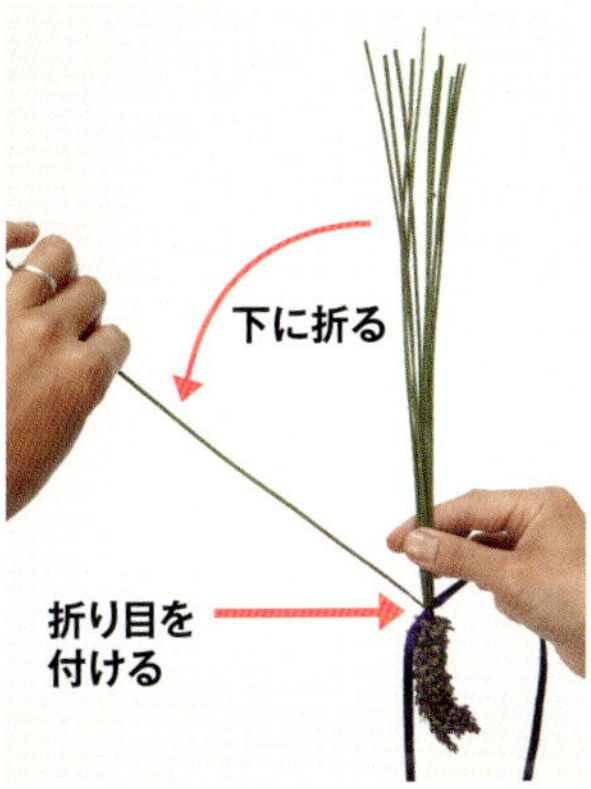

茎で花を包むように、すべての茎を折る。

LOOK!

どの場所から引き出してもOK！

茎の間から、長い方のリボンを引き出す。

リボンを引き出したとなりの茎は上、そのとなりは下…というように、交互に上下させながら編んでいく。

編みはじめは、ややきつめにすると仕上がりがきれいに。

ラムズイヤー

Stachys byzantina

科名 シソ科

別名 ワタチョロギ、ラムズタンク、ラムズテール

やさしい印象のシルバーリーフは、ガーデンの縁取りにも最適。

やや厚みがあってやわらかく、ふわふわモコモコ。ベビー用のフリース毛布のような手触りで、いやし効果抜群！

DATA

- 日あたり
- 水やり　表土が乾いたらたっぷり
- 草丈　20～60cm
- 分類　多年草（耐寒性）
- 増やし方　タネまき
- 利用部位　全草

どんなハーブ？

全体が銀白色のやわらかい毛で覆われ、ベルベットのような質感。まるでひつじの耳を思わせるような葉の形と質感から、この名があります。香りは弱く、葉にわずかに芳香がある程度ですが、ほかの植物をセンスよく引き立ててくれます。ハーブガーデンの縁取り、花束、クラフトなどに用いられ、近年ではふわふわ感を残したプリザーブドフラワーも人気です。初夏から秋には、伸びた茎の先に薄い紫～赤紫の小花を穂状に咲かせます。

育て方のポイント

ふわふわと繊細な印象ですが、育ててみると案外丈夫。株元から対に葉柄が伸びて葉が開き、気温が上昇するとともに直立して育ちます。株元のわき芽から根を出し、横に広がって増えていきます。

高温多湿に弱く、茂り過ぎると蒸れて枯れることがあります。枯れた葉はまめに取り、込み入った部分は葉をすいて風通しをよくすることがポイント。順調に育てば、1年でプランターがいっぱいになるほど生育が旺盛なので、毎年株分けをしてやりましょう。

栽培カレンダー

	1月	2月	3月	4月	5月	6月	7月	8月	9月	10月	11月	12月
苗の植え付け			●	●	●	●			●	●		
タネまき			●	●								
花期						●	●	●	●			
収穫			●	●	●	●	●	●	●	●	●	
作業			●	●	株分け					●	●	株分け

Gardening Tips

雨の後は要注意

詳しくは次ページ

雨後の強い日差しで蒸れることも多いので、葉をすいて風通しをよくしましょう。多湿だとナメクジやダンゴムシも発生しやすいので、まめにチェックを。

長雨にあたると、毛がかたまって美しさが半減する。

ナメクジやバッタなど害虫の被害で、葉に穴があいてしまったラムズイヤー。

泥はねで汚れた下葉は、洗い流しておくこと。

栽培メモ

◉適した場所

日のよくあたる場所〜半日陰。風通しと排水性のよい場所を選ぶ。

◉水やり

多湿に弱いので、水をやり過ぎないこと。鉢植えの場合は、土の表面が乾いたらたっぷりと与える。葉裏に泥はねがついたままにすると傷むので、やさしい水流で洗い流すとよい。

◉病害虫

株が大きくなると、下葉が地面について茶色に枯れ、蒸れて病気が出やすくなったり、ナメクジやダンゴムシの被害にあいやすい。

◉植え付け

生育が旺盛なので、鉢は５号以上、地植えでは株間を40〜50cmほどとる。

◉肥料

植え付け時に元肥を与える。肥料が多いと株が大きくなって蒸れやすいので、追肥は少なめでよい。

◉作業

株元が蒸れやすいので、茎葉をすいて風通しよく育てる。常緑だが冬は葉が少なくなる。枯れた葉をそのままにすると防寒になるが、春先には短く切り戻して、株元から出る新芽を伸ばす。

収穫＆利用のコツ

ある程度大きくなったら、株が込み入ってくる前に摘み取って利用しましょう。ふわっとした葉を、葉柄の根元からカットします。

ハーブガーデンの縁取りにおすすめ。コンテナの寄せ植えにも向き、ほかの草花を引き立てます。

晴天の続いた日に収穫し、風通しのよい場所に逆さに吊るしておけばドライに。リースにもおすすめです。

Using Tips

花はタイミングよくカットを

花が上まで咲いたら花茎の根元でカットして、切り花やドライに。

桃紫色の花を穂状に付ける。

ラムズイヤーの仕立て直し&さし木

横に広がって株が生長するので、
鉢が小さいとすぐに見た目が悪くなります。
切り戻して姿を整え、
株元の新芽が伸びたら植え替えを。

POINT
★切り戻しをして株姿を整える
★切った茎を利用して、さし木で増やす

1 茎が倒れ、だらしない印象になった株

ラムズイヤーは横に広がるように育つ。植え付ける鉢が小さいと、すぐにだらしない印象になってしまう。
思いきって切り戻し、中心の新芽が生長してきた頃に植え替える。

横からチェック
鉢外の茎が倒れて伸びている。

上からチェック
中心部は葉が少ないが、株元に新芽が育ち始めている。

LOOK!

2 切り戻して株姿を整える

繊毛が粗く見た目の悪い葉を切る。葉が古くなったり、水切れや日照不足などのトラブルがあると、ふわふわ感がなくなってしまう。

折れた跡

倒れて伸び、途中から発根していた茎を切る。

完成

すぐに大きな鉢に植え替えてもよいが、新芽がもう少し大きくなった頃の方が安心。水切れに注意して育てよう。

3 切った茎を利用してさし木で増やす

葉を3〜4枚残してカット。

茎の途中から出た根を傷付けないように。

30分以上水あげする。

生長するゆとりを持って、ふたまわり大きな鉢を準備。

鉢から株を抜く。

根鉢を崩し、古い土を軽く落とす。

鉢の中央に株をすえ、新しい用土で植え付ける。

完成

鉢外に伸びた葉は新芽の生長を助けるので、今は切らなくてOK。新芽が大きく育った頃に切り戻して、株姿を整えよう。

上から見たところ

今は寂しい印象だが、新芽がすぐに生長するので大丈夫。

ココがコツ

本来、さし木にはまっすぐな茎を使うが、今回のように切り戻した茎を利用するときは曲がっていてもOK。新芽が上に伸びるようにさす。

完成

株元を軽く押さえ、さし木の完成。

4 大きな鉢に植え替える

約2週間後

新芽も育ってボリュームアップ！　このままだと鉢の中に根がいっぱいになって根詰まりを起こすので、大きな鉢に植え替える。

ルッコラ

Eruca vesicaria

科名
アブラナ科

別名
ロケット、サラダロケット、キバナスズシロ、ガーデンエルーカ

DATA
- 日あたり
- 水やり（多湿を好む）
  表土が乾いたら
- 草丈　20〜100cm
- 分類　一年草
- 増やし方　タネまき
- 利用部位　葉、タネ

タネから育てるのもかんたん。小松菜や赤カブの栽培と同様でよいので、いっしょに栽培しても楽しいでしょう。

春から初夏には、草丈が伸びて薄クリーム色で十文字形の花が咲きます。花もほのかにゴマの香りがして食べられます。

どんなハーブ？

香ばしいゴマの風味とほんのりとした苦味、辛み大根のようなピリッとした辛みが特長です。ビタミンやミネラルを豊富に含む栄養野菜として、古代ローマより利用されてきました。生でサラダにしたり、パスタに加えたり、炒めもの、おひたし、てんぷらなど、和洋さまざまに調理して味わえます。加熱すると辛さや香りが弱まり、ほかの食材とも味がなじみやすく、たくさん食べられます。芽が出たばかりのスプラウトも美味です。

育て方のポイント

生長が早く育てやすいので、ぜひタネから育ててみましょう。間引き菜も食べることができ、小さな芽のうちから独特のゴマの風味が楽しめます。細身で切れ込みの深いセルバチコ種は多年性ですが、同様に育てられます。

春まきでも秋まきでも育てられます。ゴールデンウイークを過ぎた頃からはアブラムシやイモムシなど害虫の被害を受けやすく、駆除がやっかいです。春まきの場合は3月下旬頃に早めにまき、病害虫が多く発生する前に収穫を終えてしまうのがおすすめです。

栽培カレンダー

Gardening Tips

タネまきもかんたん! 間引き菜も利用できます

大きめの鉢を用意して、間引きながら育てましょう。植え替えの手間もいらず、間引き菜もおいしくいただけます。嫌光性種子なので、5mmほど覆土（ふくど＝土をかける）するのを忘れずに。

用土を9割ほど入れ、水を与えて湿らせた後、タネまき用土を足す。

覆土したら新聞紙をかぶせ、霧吹きで水を与える。

びんのふたなどで抑えて、表土を平らに整える。

発芽したら新聞紙をはずす。となりの葉と触れあうようになったら、よい方の芽を残して間引く。生長に応じて間引きを繰り返し、10cmほどの株間にする。

霧吹きでタネまき用土を湿らせる。

土の全面に、タネが重ならないようにまく（ばらまき）。

栽培メモ

◉適した場所

日がよくあたり、風通しのよい場所が適する。収穫時期以降に半日陰で育てると、株がやや軟弱に育つが苦味や辛みがマイルドになって生で食べやすくなる。

◉水やり

土の表面が乾いたらたっぷりと。乾燥し過ぎると葉がかたくなって苦味が増すので、水切れに注意。

◉病害虫

気温が高くなるとアブラムシ、ハモグリバエ、イモムシ、ヨトウムシなどの害虫、うどん粉病などの病気が発生しやすい。

◉植え付け

タネから育てるのも楽。ばらまきし、葉が触れあうようになったら間引いて10cmほど（地植えでは20cmほど）の株間にする。タネをまき過ぎたり間引きが遅れると、もやし状態になって生育がぐんと悪くなるので注意。

◉肥料

植え付け時に元肥を施し、生育期には追肥を施す。

◉作業

花が咲くと葉がかたくなる。トウ立ちしやすいので、花茎が伸びたら深く切り戻す。

収穫＆利用のコツ

大きくなってからの葉より、間引きながら、若い株をやわらかいうちに収穫した方がおいしい。外葉から順次かき取って利用します。

生でサラダにしたり、茹でておひたしのように味わったり。スープや味噌汁の具としても重宝。ベーコン炒めなど油を使った料理にも向きます。

タネを砕いて熱湯をそそぎ、10分ほど蒸らします。

右はワイルドルッコラの別名がある野生種のセルバチコ。多年性で生育はややゆっくりです。風味が一段と強くて味のインパクト大。

Guide to Uses

▶葉はビタミンC、ヘテロサイドを含みます。美肌効果や血管をきれいにする効果、胃の調子を整えて消化不良を助ける効果があります。

▶タネをすりつぶしたものは強壮のためにティーとして利用されます。

ルバーブ

Rheum rhabarbarum

科名
タデ科

別名
ショクヨウダイオウ、マルバダイオウ、セイヨウダイオウ

葉柄が赤く色付きます。2〜3本もあればおいしいジャムに!

一枚の葉が60cm以上にも育つ大型植物。葉にはシュウ酸が含まれるので、葉柄だけを利用します。

DATA

- 日あたり
- 水やり
  過湿を嫌う。表土が乾いたらたっぷり
- 草丈　50〜150cm
- 分類　多年草(耐寒性)
- 増やし方　株分け
- 利用部位　葉柄

どんなハーブ?

株姿はフキに似ていますが、タデ科の植物で、漢方の生薬「大黄《だいおう》」の仲間。根から直接出る太くて長い葉柄《ようへい》の先に、大型の丸い葉が開きます。地植えでは、半畳ほどものスペースに葉が広がる大型の植物です。葉柄を甘く煮てつくるジャムは、青リンゴのような嫌味のない酸味で、とろりとした食感。パイやタルトにも向くことから、アメリカでは「パイ・プラント」の愛称で呼ばれます。

育て方のポイント

ヨーロッパでは雑草扱いされることもあるほど、生育は旺盛です。大きく育つので場所を選んで植え付けましょう。樽《たる》鉢や10号以上の大型鉢を用いれば、鉢植えも可能です。葉柄は赤色から暗赤色を帯び、株元まで日がよくあたると緑色が強くなります。遮光して軟化させて育てると、酸味が少なく淡いピンク色に。海外では赤軸の園芸種も多くありますが、寒い気候でないときれいに発色せず、日本では出まわりません。タネをまいて2年め以降の生長した株から順次収穫でき、葉柄は生のまま冷凍して保存することも可能です。

ルバーブ

栽培カレンダー

	1月	2月	3月	4月	5月	6月	7月	8月	9月	10月	11月	12月
苗の植え付け				■■■	■■■	■			■■■	■		
タネまき				■■	■■■	■■						
花期					✿							
収穫					■■	■■■	■■■	■■■	■■■	■		
作業				株分け								

Gardening Tips

花茎は早めに切る

長く収穫するには、花穂が出たら早めに切ること。そのままにしておくとタネができます。発芽適温は25℃と高いですが、こぼれダネからも発芽します。

花の後にできるタネ。

1年目はポットで育てても

収穫できるのは2年め以降から。1年めは葉が数枚程度しか育ちません。夏の高温に弱く地上部が溶けやすいので、ポットに植えて涼しいところで育苗するのも一法です。

❹ 過湿に弱いので、表土がやや乾いてからたっぷりと水を与えて育てる。

❶ ポット苗を6号ポットに植え付ける。

❷ 根鉢を崩さないように、そっとポットから抜く。

❸ 新芽を埋めないように植え付ける。

❺ ずいぶんと葉が大きく育った。翌春には、花壇や大鉢に植え付けを。

栽培メモ

●適した場所
日のあたる場所を好む。夏の高温を嫌うので西日があたらない場所を選び、できれば涼しい場所で夏越しをするか遮光を。

●水やり
過湿や過乾に弱いので、表土が乾いたらたっぷりと。

●病害虫
ヨトウムシやコガネムシをはじめ害虫に葉が食害されやすい。新芽につくと生育が極端に悪くなるので早めに駆除するが、葉は食用にしないので食害跡はあまり気にしなくてもよい。風通しが悪いとうどん粉病が発生する。

●植え付け
細根が少なく太い根が深く伸びるので、なるべく根を傷つけないように植え付ける。

●肥料
植え付け時に元肥を施す。肥料が多いと株が大きくなり過ぎて、折れやすくなるので注意。

●作業
タネを収穫する場合を除き、花穂が出たら早めに切る。
3年以上育てて大きく育った株は、株分けできる。冬は地上部が枯れるので、春先の新芽が伸び出した頃、新芽を1つ以上付けて株を分ける。

収穫＆利用のコツ

葉のある時期なら、太く生長した葉柄を順次収穫できます。葉にはシュウ酸が多く含まれているので、食用にしないこと。葉を煮た液は銅を磨くために利用できます。

甘く煮てつくるジャムは、ヨーグルトに加えたり、トーストやパンケーキに添えて。パイのフィリングにも最適。

乾燥させた葉柄を煎じたティーは、整腸作用があるといわれます。

ジャムと牛乳をミキサーにかけてドリンクに。炭酸で割ったり、ヨーグルトドリンクに混ぜても手軽でおいしい。

手軽につくれるルバーブジャム（15ページ）。アクを取り、煮詰め過ぎないのがコツ。すっきりとした風味が引き立ちます。

レモングラス

Cymbopogon citratus

科名
イネ科

別名
レモンガヤ、オイルグラス、コウスイガヤ、メリッサグラス

DATA

- 日あたり
- 水やり　表土がやや乾いたら
- 草丈　30〜150cm
- 分類　多年草(非耐寒性)
- 増やし方　株分け
- 利用部位　葉身、葉鞘

ススキに似たシャープな葉姿。レモンのような香りはクセがなく、ティーやハーバルバスなど、エスニック料理以外にも使いやすいハーブです。

Guide to Uses

▶レモンと同じ成分のシトラールという香り成分が含まれます。透明感のあるフレッシュな香りで、心身を元気づける効果があります。

▶デオドラント効果や、収れん、抗炎症作用が知られます。

どんなハーブ?

ススキに似たシャープな葉姿が特長で、さわると全草からレモンの香りがただよいます。葉の上半分の平たい部分は葉身と呼び、魚やとり肉料理のくさみ消しや、ティーに用います。葉の基部は円筒状になり、茎を抱く鞘のようになります。これを葉鞘《ようしょう》と呼び、皮をむいて刻んだりすり下ろしたりして料理に使われます。東南アジアでは非常にポピュラーで、トムヤムクンなどのスープに欠かせません。紅茶や緑茶、お菓子の香り付けにもよく、さわやかな風味をプラスします。

育て方のポイント

大株になるので地植えが向きますが、大きめの深鉢を用いれば鉢植えで育てるのも容易です。あるていど株が育てば、必要な分の葉身を随時切って収穫できます。8月頃、収穫をかねて地ぎわから15cmほどのところで刈り取ると、再び新芽が勢いよく伸びます。寒さに弱いので、霜のおりる前に短く刈り取ってから株を掘りあげ、室内に入れるとよいでしょう。寒い時期は水を控えめにして管理を。

栽培カレンダー

	1月	2月	3月	4月	5月	6月	7月	8月	9月	10月	11月	12月
苗の植え付け					●	●	●	●	●			
タネまき									●	●		
花期								●	●	●	日本ではほとんど見られない	
収穫					●	●	●	●	●	●	●	
作業					●	●	株分け		●	切り戻し		

Gardening Tips

詳しくは次ページ

かんたんに増やせます

気温が高い時期なら、すぐに根付きます。はじめての方も、ぜひ挑戦を。

株元に出た新芽を使って、増やせる。葉や根がほとんどなくても大丈夫。

地ぎわから２～３cmまでが埋まるように、植え付ける。

たっぷりと水を与えて完成。根付けば中心から葉が伸びてくる。

栽培メモ

◉適した場所

日あたりのよい、強い風のあたらない場所を好む。真夏の暑さには耐えるが寒さに弱いので、秋には掘りあげて室内へ。

◉水やり

乾燥させないよう、土の表面がやや乾いたら十分に与える。特に夏は生育が旺盛で、水が不足すると葉が細くなったり葉先が枯れ込んだりするので注意を。気温が下がってきたら徐々に控えめに。

◉病害虫

環境がよければ病害虫はほとんどない。

まれに、株元にカイガラムシがつくことがあるので、見つけたらティッシュペーパーなどでこすり落とす。

◉植え付け

ゴールデンウイークを過ぎ、気温が安定してきた頃が植え付け適期。地植えの場合は株間を60cm以上とり、鉢植えの場合は７～10号の大きめの深鉢に植え付ける。大株に育った株は、株分けしてから植え付けるとよい。

◉肥料

肥料が不足すると葉が細くなって色も悪くなる。春先に元肥を与え、生長期に追肥を。

◉作業

株分けは通常３～４芽のかたまりで分けるが、１芽でも夏には大きな株に育つ。

８月に地ぎわから15cmほどのところで切り戻すと、再び新芽が伸びて収穫量が増える。

収穫＆利用のコツ

葉のある時期なら、いつでも収穫OK。ティーや料理には収穫したてのフレッシュな葉が、風味がよいのでおすすめ。束ねて風通しのよい場所に吊るしておけばドライになり、ハーブバスやクラフトに利用できます。

葉身はスープやカレーなどエスニック料理の風味付けに。葉鞘のやわらかい部分は、すりつぶしたり細かく刻んだりして、サラダに加えたり炒めものに。

葉を数枚カップに入れて熱湯をそそげば、すぐに優雅な気分のティーが楽しめます。抽出を短めにして葉を早めに取り出すと、すっきりとした味に。ほかのハーブとブレンドしたり、日本茶や紅茶とも相性抜群。

洗って束ねたものをショウブ湯のように浮かべて。リラックス作用と美肌効果のハーブバスが楽しめます。

フリージングバッグに入れ、空気を抜いてから冷凍庫へ。いつでもフレッシュな風味が楽しめます。

いつもの緑茶に葉を入れると大変身！　マスカットのようなさわやかな風味が楽しめます。茶葉は少なめにするのがコツ。

レモングラスの植え付け&切り戻し

さわやかな香りのレモングラスは、
使い勝手がよく、１株あると重宝します。
病害虫の被害が少なく、育てるのもかんたん。
ぜひ育ててみましょう。

POINT
★植え付けは根鉢を崩して
★秋には短く刈り込む

1 ポット苗と大きな深鉢を用意

レモングラスは大きく育つ。イネ科の植物で、地中深くまで太根が伸びるタイプではないが、根張りが悪いと地上部をしっかり支えることができない。
大きめの深鉢を準備しよう。

Key Word

深鉢って？

鉢の直径よりも深さのある鉢のこと。レモングラスは生長が早く、１芽でも大きく育ちますから、深さが30㎝以上のどっしりとしたものを選びましょう。

2 苗を切り戻す

新芽の生長を促し、早く元気な葉を出させるため、株を切り詰めてから植え付ける。

3 根鉢を崩す

ポットの下をつぶすように引き抜く。

根鉢の底にかたまった根を、ていねいにほぐす。

根鉢を崩して古土を落とす。手でほぐれないときは、ハサミで切り込みを入れてから崩すとよい。

このくらいまで崩してOK。

4 株を植え付ける

排水をよくするため、1/5ほどゴロ土を入れてから用土を入れる。

鉢の中央に株をすえ、用土を入れて植え付ける。

鉢を叩いて土の隙間をなくす。

完成

たっぷりと水を与えて植え付け完成。植え付けてすぐは寂しい印象だが、すぐに新芽が伸びるので大丈夫。

約2ヶ月後

1mを超すほどに生長。株元も太くなった！　必要な分を順次収穫して利用しよう。8月頃に株元近くで切り戻すと、新芽の生長が促され、収穫量が増える。

5 冬越しの準備

約4ヶ月後

ずいぶんと大きく株が生長した。気温が低くなるにつれ、葉が茶色になってくる。レモングラスは寒さで株が枯れるので、刈り込んで室内に取り入れよう。

地ぎわから10〜15cmほど残して刈り込む。

完成

気温が下がるにつれ、水やりは控えめにして室内で育てる。寒風のあたらない暖地のベランダなどでは、戸外で耐えることも。

check up!

切った後は新芽が伸びてきます

切った後は新芽が伸びてきます。伸びた分は切って利用してもOK。翌春、気温が高くなったら戸外に出して管理を。

地植え株も同様にして冬越しを

地植えの株も、晩秋には掘りあげて屋内で管理を。上の手順と同様に短く刈り込んでから、鉢に植え付けます。冬はあまり生長しないので、根がすっぽり入るくらいのポットに仮植えすればOK。休眠中なので水やりも控えめに。

レモンバーベナ

Aloysia triphylla

科名
クマツヅラ科

別名
コウスイボク（香水木）、ボウシュウボク（防臭木）

レモンの香りの中にかすかに甘いオレンジの香りも感じる芳香。香りが強く、かつては香水の原料やレストランで指先を洗うフィンガーボウルの香り付けにも用いられたほど。ティーはクセがなく、ハーブティー初心者にもおすすめ。ドライにして保存するのも楽で、幅広く使えるハーブです。

DATA

- 日あたり
- 水やり　生長期は表土がやや乾いたら
- 草丈　40～150cm
- 分類　半耐寒性低木
- 増やし方　さし木、（タネまき）
- 利用部位　葉、花

Guide to Uses

▶ティーはアルカリ度が高く、鎮静効果、解熱、殺菌、消化管の機能を整える効果などがあります。食欲のないときや疲れたとき、風邪ぎみのときに用いられます。

▶香りは、緊張や神経の高ぶりをおさえてリラックスする働きがあり、ふさいだ気分を明るくするといわれます。不眠や頭痛対策にも用いられます。

どんなハーブ？

花を楽しむバーベナと同じ科ですが草姿はずいぶん異なり、自生地では3～4mにもなる半耐寒性低木です。レモンの香りがするハーブの中でも特に香りが強く、軽く触れただけで手にしばらく香りが残るほど。ティーは鎮静作用があるとされ、フランスではベルベーヌの名で親しまれています。お菓子やドリンクの香り付けなどに広く利用され、ドライにしても香りが失せないので保存がしやすく、ポプリやサシェづくりにも重宝します。

育て方のポイント

生育が早く、日本の夏の暑さにも負けずにどんどん枝が長く伸びます。ただしそのまま育てると、細く弱々しい枝が四方に広がったり枝垂れたりして樹形が乱れ、葉もしだいに小さくなります。幼苗のうちに摘芯《てきしん》して分枝を増やし、まめに剪定《せんてい》しながら育てましょう。葉は1枚ずつ収穫できますが適時収穫をかねて枝を切り戻し、新芽の伸長を促します。

寒さに弱いので冬は切り戻して防寒するか、室内で管理を。屋外栽培では11月頃から落葉し、新芽が出る時期もやや遅れます。

栽培カレンダー

	1月	2月	3月	4月	5月	6月	7月	8月	9月	10月	11月	12月
苗の植え付け				●	●	●						
タネまき												
花期						●	●	●				
収穫				●	●	●	●	●	●	●	●	●
作業					●	●	●	さし木	●	●	さし木	

Gardening Tips 1

大きめの苗を入手して

詳しくは次ページ

はじめて育てるなら、大きめの株を入手した方が安心。冬までに大きく生長させないと冬越しがむずかしくなります。

摘芯して枝数を増やした苗

このくらいのボリュームなら、植え付け後は早くから収穫できて管理も楽。

さし木をしたばかりの幼苗

幼苗のうちは環境の変化に弱く、まめな摘芯で枝数を増やす手間もかかる。

Gardening Tips 2

病害虫はまめにチェック

家庭では新芽が害虫の被害にあいやすい。早めに見つけて駆除を！

葉の穴はイモムシ類の被害。全体が掠れたようなときはハダニの可能性も。

葉の付け根にはアブラムシがつきやすい。

栽培メモ

◉適した場所

日あたりと風通しのよい場所を好む。冬は室内で管理する。暖地では戸外で霜のおりない場所で、防寒をすれば越冬可能。

◉水やり

乾燥を嫌うので、表土がやや乾いたらたっぷりと水を与える。冬は生長がゆっくりなので控えめに。室内では土の表面が乾いてから、戸外では表土が乾いてから１～２日して与えるくらいでよい。

◉病害虫

イモムシ類やアブラムシなどの被害を受けやすく、高温期にはハダニがつくこともあるので、早めに対処する。

◉植え付け

排水性のよい場所に植え付け、摘芯して枝数を増やす。落葉した冬越し株は萌芽がやや遅く、植え付けてから新芽が旺盛に伸び出すまでは時間がかかることもある。様子を見守りながら管理を。

◉肥料

植え付け時に元肥を施し、生長が旺盛な株は初夏に液肥を追肥。

◉作業

緑の茎はしだいに木化し、節から次々と新芽を伸ばす。放任すると株があばれて枝も弱々しくなるので、春先に摘芯して枝数を増やす。生長に応じて伸び過ぎた枝や下葉が落ちた枝を切り戻す。

収穫＆利用のコツ

葉を順次摘み取って利用します。葉が緑のうちはいつでも収穫できますが、ドライにして保存する場合は、花が咲く頃の香りが強い時期に収穫して乾燥させるとよいでしょう。

ビネガーやオイルに浸けて香り付けすると、サラダや冷製料理に柑橘風味を手軽に加えられて重宝します。レモンのような酸味がないので、すっぱい味の苦手な子どもたちにも。

生葉でも乾燥葉でもティーにできますが、摘み取ったばかりの生葉の風味は格別。アイスにもホットにも向き、クセがないのでほかのハーブや紅茶や緑茶とのブレンドにも。

レモンバーベナのティーとワインを同量にブレンドしたフレーバーワインは、ヨーロッパで愛飲されます。ウオッカやジンなどスピリッツの香り付けにも向きます。

葉を摘み取ってザルに広げ、風通しのよい場所に置いておけば数日でドライのできあがり。乾燥しても香りが残ります。

レモンバーベナの植え替え&さし木

どんどん枝が伸びますが、
全体が弱々しくなって、株姿も乱れます。
収穫をかねて切り戻しながら育てると、
幹が太ってがっしりした株姿になります。

POINT
★適した大きさの鉢に植え替える
★株を切り詰めて幹の充実をはかる

1 根詰まりして生長が悪くなった株

3本仕立てのポット苗を購入し、同じくらいの大きさの鉢に植え付けて育てた株。鉢が小さいので根がすぐにいっぱいになり、根詰まりを起こしてしまった。
それぞれの枝が細くて弱々しく、株の先端ばかりに新芽が伸びて全体のバランスも悪い。切り戻して株姿を整え、大きな鉢に植え替えることにする。

株の先端ばかり収穫していると上部の枝分かれが多くなってバランスが悪くなる。

LOOK!
先端
切った部分からわき芽が伸び、枝数が増えてボリュームが増している。

LOOK!
下葉
水切れをして下葉が落ちてしまった。レモンバーベナは株姿が乱れやすく、切り戻しをせずに育てると、同様に下葉が落ちることがある。

新芽
木化した細い枝の節から新芽が伸びているが、勢いがなく弱々しい。

2 切り戻して株姿を整える

葉の残っている上で切り戻す。春～夏は生育が旺盛なので短く切り詰めてもよいが、この株の場合は水切れのダメージが大きいので長めに残した。

株を切り戻したところ。2～3まわり大きな鉢に植え替える。

完成

枝が太ってくるまで、倒れないように支柱を立てる。

植え付け完成。株元の新芽が生長したら古枝を思いきって切り戻し、勢いのよい枝を伸ばすとよい。

4 切り戻した枝を利用してさし木で増やす

先端は避け、かたく充実した部分をさし穂に使用する。2～3節を付けて茎を10cmほどに切り、下葉を落とす。
さし穂は1時間以上水につけ、十分水あげしておく。

湿らせたさし床に穴をあけてから、さし穂をさす。

株元を押さえて落ち着かせる。発根するまでは直射日光を避け、乾燥しないように管理を。

3 新しい用土で植え付ける

鉢から株が抜けにくいときは、底穴から棒などで押し上げるとよい。

株元を持ち、鉢から根鉢を引き抜く。

土の量が少なくなり、根が一部腐って生長が悪いことから、根詰まりしていたのがわかる。

根鉢を手で崩す。生きている根を傷つけないように。

枯れた根を取り、古土をざっと落とす。

植え付けたときに株元がちょうどよい高さになるように植える。少量の土を入れてから株をすえ、根の周囲に土を足していく。

レモンバーム

Melissa officinalis

科名
シソ科

別名
セイヨウヤマハッカ、コウスイハッカ、メリッサ、ビーバーム

不老長寿の霊薬や、生命力を高める万能薬として、紀元前から愛されたといわれます。

葉がある時期は、いつでも収穫OK。気温が高く生育が旺盛な時期は、茎葉がうぶ毛のような軟毛に覆われます。

DATA

- 日あたり ☀
- 水やり（多湿を好む）
  乾いたらたっぷり
- 草丈　20〜70cm
- 分類　多年草（耐寒性）
- 増やし方　タネまき
  株分け、さし木
- 利用部位
  葉、花

どんなハーブ？

葉がこんもりと茂り、レモンを思わせるさわやかな若葉の香りがします。初夏に咲く白い小さな花をミツバチが好むため、「ビーバーム」「メリッサ（ギリシア語でミツバチ）」の名があります。ギリシア神話には、主神ゼウスが乳母の妹メリッサからこの花から採った蜂蜜を与えられて育ったという逸話も登場します。

レモンの香りと揮発性分は、ドライにすると薄れます。生育が旺盛なので、どんどん摘み取って、フレッシュのままティーやハーブバスなどに利用しましょう。

育て方のポイント

地植えにもコンテナにも向き、生育が旺盛で手間がかかりません。ミントを育てたことのある人が次に挑戦するハーブとしても、おすすめです。次々と分枝して大きく育ちますが、茂り過ぎると株の内部が蒸れて生育が悪くなります。込み入った部分は、葉を4〜5枚残して剪定《せんてい》して間引きましょう。晩秋には地ぎわから1〜2㎝残して刈り込むと、株元から新芽が出て翌年の株姿が整います。

栽培カレンダー

Gardening Tips

さし木でかんたんに増やせます

気温が高い時期ならすぐに根付きます。切り戻して茎数を増やしてから定植を。

かたく充実した部分の茎を2～3節付けて切り、下葉を落とす。

さし床に穴をあけてさす。

水切れしないよう管理を。

約3週間後には新芽が勢いよく伸び、十分発根したのがわかる。切り戻してから植えるとがっしりと育つ。

新芽の上でカット

詳しくは次ページ

栽培メモ

◉適した場所

日なたを好むが、室内の明るい窓辺などでも育てられる。猛暑の時期に直射日光があたると葉がかたくなり、日焼けを起こすことがある。できれば盛夏は半日陰に移動を。気温が下がると地上部が枯れ始めるので短く刈り込み、切った茎葉は株元のマルチングに。鉢植え株は軒下か室内へ。

◉水やり

生育が旺盛なので水切れに注意し、土の表面がやや乾いたら十分に与える。地上部が枯れ始めたら控えめに。

◉病害虫

比較的少ないが、アブラムシ、イモムシ類、ハダニなどがつく。通気をよくし、まめにチェックを。

◉植え付け

生長が早いので、地植えでは株間を50cm以上とり、コンテナの場合は6号以上のサイズを。苗を3/4～半分ほどに切り戻して植えると、わき芽が伸びて早くこんもりと育つ。

◉肥料

肥料分が不足すると葉が小さくなって風味も落ちる。春先に元肥を与え、生長期には追肥を。

◉作業

茂り過ぎると株の内部が蒸れて生育が悪くなるので、切り戻しをかねてまめに収穫を。花は早めに切ると収穫が長く楽しめる。地植え株が大きくなったときは株元に土を盛って「土寄せ」すると、茎から発根して倒れにくくなる。

収穫＆利用のコツ

葉のある時期なら、いつでも収穫OK。乾燥させると風味が落ちるので、フレッシュのまま使うのがおすすめです。収穫した葉は茎と葉柄を取ってフリージングバッグに入れ、冷凍保存することもできます。

ゼリーやフルーツの飾りには、小さな新芽を。やわらかく育った葉は、少量を刻んでサラダに混ぜると、さわやかなレモンとミントの香りがほんのりと加わります。ドレッシングやソースに加えても美味。

葉を数枚カップに入れて熱湯をそそげば、すぐに優雅な気分のティーが楽しめます。抽出を短めにして葉を早めに取り出すと、すっきりとした味に。ほかのハーブとブレンドしたり、緑茶や紅茶とも相性抜群。

日々の手入れで切り戻した茎葉は、洗って布袋に入れて浴そうに浮かべて。リラックス作用と美肌効果のハーブバスが楽しめます。

Guide to Uses

▶香りには、精神をリラックスさせ、明るい気分にする効果があります。

▶ティーには発汗作用や消化を助ける効果がありますが、妊娠中は控えた方がいいでしょう。

レモンバームの植え替え

ガーデンに植え付けて緑の美しさを堪能するのもよいですが、鉢植えでも楽しめます。気温が下がったら窓辺で育てれば、一年中収穫できるのも利点。

POINT
★植え付けは根鉢を崩して
★長く伸びた茎葉は収穫をかねて切り戻す

1 植え替えが遅れ、水切れさせた株

植え付けた鉢が小さかった株。水切れで枯れかかったが、風通しのよい半日陰で養生し、ようやく復活した。
すでに根詰まりを起こしているうえ、新しく伸びた部分はやや徒長ぎみ。切り戻してから、大きな鉢に植え替える。

Key Word

根詰まりって？

根が鉢の中いっぱいに育ち、それ以上生長するスペースがなくなった状態。水を与えても土にしみ込まず、植物が水不足になってしまいます。

LOOK!

新芽
新芽が勢いよく伸び、水切れのダメージは一時的に乗り越えたことがわかる。

ダメージを受けた葉
水切れさせたときの葉は、茶色に変色して張りがない。

株元
小さな葉がたくさん出て、込み入って風通しが悪くなっている。

2 茎を切り戻す

徒長して伸びた茎を切り戻す。株元の元気な新芽を伸ばすため、全体の1/3くらいに刈り揃える。

鉢の中央に株をすえ、用土を入れていく。

鉢を叩いて土の隙間をなくし、表土を平らに整える。

表土は鉢縁から2～2.5cmほど下になるように。

鉢底から流れ出るまでたっぷりと水を与え、植え付け完了。2～3日は直射日光を避けて管理を。

控えめに収穫しながら管理し、こんもりとボリュームアップ！　このくらいまで育ったら追肥をし、込み入った茎葉の間引きをかねて思いきって利用しよう。

3 ふたまわり大きな鉢を準備

生育が旺盛なので、ふたまわり大きな鉢に植え替える。

鉢底ネットを敷いて鉢底石をひとならべ入れ、用土を少し入れる。

4 根鉢を崩して植え付ける

株元をしっかり持ち、鉢から抜く。

根鉢の下から手を入れ、鉢底にかたまった根をていねいにほぐしていく。

根鉢の肩を落とし、古土を軽く落とす。

ローズマリー

Rosmarinus officinalis

科名
シソ科

別名
マンネンロウ、メイテツコウ（迷迭香）

小さな花が連なって咲きます。この愛らしい花の形から、露や雫を意味する属名が付いたといわれます。

属名はラテン語の「ros＝露（つゆ）、雫（しずく）」と、「marinus＝海岸の」にちなみ、厳しい環境でも旺盛に生育する強い生命力を感じさせるハーブです。英名の「ローズマリー」も同じ語源とする説、この植物と聖母マリアにまつわる伝説から「聖母マリアのバラ」の意など諸説あるようです。

這い性タイプは曲線を描くように枝が伸びるので、リースづくりに向きます。

DATA

- 日あたり
- 水やり　表土がやや乾いたら
- 草丈　20〜150cm
- 分類　常緑小低木
- 増やし方　さし木（株分け、タネまき）
- 利用部位　葉、花

どんなハーブ？

シャープですがすがしい香りで精油の含有量が多く、葉を摘むなどの手入れをしただけで手がベタつくほど。古くから薬として利用され、殺菌、浄化のために儀式にも使われました。ポリフェノール類（ロズマリン酸）を多く含み、体細胞の酸化を防ぐ抗酸化作用があることから「若返りのハーブ」としても知られます。現代でも迷迭香《めいてつこう》の名で生薬として用いられ、化粧品やサプリメントの原料、アロマテラピー、料理などに広く活用されます。

育て方のポイント

種類が多く、茎がほぼ垂直に伸びるタイプ（立ち性）、横に広がって這《は》うように伸びるタイプ（這い性、ほふく性）、その中間（半立ち性）など姿が異なります。花色や葉の形、香り、耐寒性などが微妙に異なるので、吟味して選びましょう。生育が旺盛で育てやすく、病害虫もあまり発生しません。水のやり過ぎや茂り過ぎて風通しが悪いと、下葉が落ちることがあります。やや乾燥ぎみに管理し、梅雨時期に収穫をかねて切り戻します。

栽培カレンダー

Gardening Tips 1

詳しくは次ページ

ガーデンを シックなグリーンで演出

一年中美しい緑が楽しめるので、さまざまに活用を。這い性タイプは、コーナーや縁取りにも向きます。

建物や塀ともナチュラルに調和して、ガーデンの景色に立体感をプラス。

Gardening Tips 2

放任すると幹が老化し、樹勢が弱くなることが

植えてから年数がたつと株元が木化して太くなり、新芽の勢いが悪くなったり、気候の変化で急に折れたりすることも。適時剪定（せんてい）をし、株姿を整えながら育てましょう。

剪定(せんてい)しないと、新芽が出にくくなることがある。

栽培メモ

◉適した場所

日あたりと風通しのよい場所を好む。ほふく性の種は広い場所か、大きめの深鉢に植えて鉢縁から垂れ下がるように仕立てるとよい。立ち性は狭い場所や生け垣にも。

◉水やり

表土が乾いたら、たっぷりと水を与える。やや乾燥した環境を好むので、水の与え過ぎに注意。

◉病害虫

ハダニやカイガラムシがつく。多湿期や低温期に水が多いと、腐敗菌や根腐れが発生しやすいので注意。

◉植え付け

排水のよい環境を好むので、地植えでは株元の土をやや盛り上げて植え付けるとよい。

◉肥料

荒れた土でも育つ植物で、多くは不要。植え付けたときと、毎年春先に控えめに施す。

◉作業

風通しが悪いと、蒸れて下葉が黒くなって枯れ上がる。猛暑の前に込み入った部分を間引くか、刈り込む。弱った株や老化した株は、一度にたくさん刈り込むと枯れることがあるので注意。

収穫＆利用のコツ

花は食用やポプリに。先端のやわらかい部分は、枝ごと調理してもOKです。

すっきりとした香りが食欲を増し、肉や魚の臭みも消します。

カップに葉を入れて熱湯をそそぐだけで香りが広がります。頭痛や疲れがあるとき、花粉症などの対策にも利用されます。

ドライにしても香りを保ち、リースやポプリ、サシェなどに向きます。

煮込み料理にも向きます。加熱すると色が悪くなるので、仕上げに生葉を飾ると見た目も風味もアップ！

Gide to Uses

▶香りはふさいだ気分を明るくし、集中力を高めるとされます。アンチエイジング効果のロズマリン酸、脳硬塞やアルツハイマー病対策効果が注目されるカルノシン酸などを含みます。
▶殺菌作用や炎症をおさえる作用があり、しゅうれん、強心、血行促進の効果も知られます。
▶妊娠中の使用は控えた方がよいでしょう。

ローズマリーの植え替え&さし木

樹勢が強く生長が早いので、
鉢が小さ過ぎたり植え替えが遅れると、
水を与えてもうまく育たなくなります。
鉢植えは毎年植え替えましょう。

POINT
★株を小さくして負担を軽減
★切った枝はさし木に利用

1 根詰まりして生長が悪くなった株

さし木をして根付いた後、植え替えせずに1年ほど育てた株。鉢の表面にはコケが付いているが、葉はカサカサした印象。根詰まりし、水をたくさん与えても吸収できなくなったのがわかる。
鉢が小さ過ぎるので、ふたまわりほど大きな鉢に植え替える。

LOOK!

株元
土が劣化して減り、表面に根が一部露出してしまった。

2 根鉢を崩し、新しい用土で植え付ける

株元を持って鉢から抜く。

根鉢がカチカチにかたまってしまっているので、引きはがすように少しずつほぐしていく。

古土を落としながら、ていねいに。

長過ぎる根や枯れた根はハサミで切る。

根鉢を整えたところ。土が劣化していてほとんど落ちてしまったが、通常は軽く崩せばOK。

鉢の中央に株をすえ、用土を入れて植え付ける。土は鉢縁までいっぱいに入れず、水がたまるスペースを残すこと。

Garden Note

さし木にも挑戦！

切った枝を利用してさし木で増やせます。好みの香りの株はさし木で増やしましょう

❶ かたく充実した部分の枝を3～4節付けて切り分け、下葉を落としてさし穂にする。

❷ さし床に穴をあけてさし穂をさす。

❸ 葉が触れあわない程度の間隔にさす。乾燥しないように管理を。

約1ヶ月後

❹ 先端に伸びた新芽の葉が4枚ほどになり、順調に発根した証拠。

❺ しっかりと発根していた！　新しい用土で1本ずつ植え付けを。

LOOK!

葉の表面はつやのある濃緑、葉裏は白い粉をふいたような美しい新芽が、次々と伸びてきた。

弱々しかった主幹が太くなり、地ぎわ近くにも新芽が増えている。

3 株を切り戻す

check up!

株の状態によって切る位置を調整

根腐れなどのトラブルがある株は、一度にたくさん切り戻すと弱まることが。切る量を少なめにして、株の回復を助けます。

弱剪定の場合

トラブルを抱えた株は、株の様子を見ながら切る量を調整する。この株の場合は、2/3を残して切り戻すことに。

強剪定の場合

本来ローズマリーは強剪定に耐える。葉の付いた茎を5cmほど残して刈り込み、勢いのある新芽の発生を促す。

切り戻す。

株がやや倒れて見えるが、枝が曲がって伸びていたため。地ぎわ部分が垂直なので大丈夫。徐々によく日のあたる場所で管理を。

約2週間後

新しい葉が増え、順調に回復している。

約1.5ヶ月後

切り戻したときより3倍近く伸長し、こんもりと生長した！　このくらいに育ったら収穫を始めてOK。次回は早めに植え替えを。

ローリエ

Laurus nobilis

科名
クスノキ科

別名
ゲッケイジュ(月桂樹)、ローレル、ベイリーフ、スイートベイ

どんなハーブ?

古代ギリシア・ローマの時代から、聖なる木とされてきました。この枝葉でつくられた冠（月桂冠）は勝者の証として与えられ、近年でもマラソンの勝者に与えられる場面を見かけます。

葉はパリっとして香りが強く、落ち葉を踏んだだけでも香るほど。葉形は細長いだ円形と丸みを帯びたタイプがあり、輸入もののドライには丸葉タイプが多いようです。スープや煮込み料理などに入れると臭みが取れ、すっきりとした香りが食欲をそそります。

育て方のポイント

寒さ暑さに強く、刈り込みにも耐え、生け垣に用いられるほど丈夫です。鉢植えでは、水切れに注意しましょう。枝が込み合うと風通しが悪くなり、葉が枯れ込んだり害虫が発生しやすくなったりします。収穫をかねて剪《せん》定《てい》しながら育てましょう。

長く育てると、根元から「ひこばえ」と呼ばれる勢いのある枝が出ることがあります。根がすでに出ているものもあるので、これを利用して増やすと早く育ちます。

葉は端整な形で、幹はやや灰色を帯びます。常緑で高さが10m以上にもなる高木ですが、コンパクトにも仕立てられます。

DATA

- 日あたり
- 水やり
  表土がやや乾いたら
- 草丈　30cm～10m
- 分類　常緑高木
- 増やし方
  タネまき、さし木
- 利用部位　葉

Guide to Uses

▶雌雄異株で、雌木に実る果実は健胃薬にも用いられます。

▶葉を料理やお菓子に加えると、食欲増進、消化促進の作用があるといわれます。

栽培カレンダー

	1月	2月	3月	4月	5月	6月	7月	8月	9月	10月	11月	12月
苗の植え付け			●	●	●	●			●	●		
タネまき			●	●								
花期				●	●							
収穫	●	●	●	●	●	●	●	●	●	●	●	●
作業		さし木	●	●	●	● 剪定						

Gardening Tips

株元に伸びたひこばえはさし木に利用を

株元から勢いよく出る「ひこばえ」は、通常は切って処分しますが、生育が旺盛なので、これをさし木に利用すると早く根付きます。

株元のひこばえを切る。

10～12cmほどに切り分ける。

葉を2～3枚残して、下葉を落とす。

切り口は斜めに。

さし穴をあけ、さし穂をさす。直射日光のあたらない場所で、乾燥させないように管理を。

栽培メモ

◉適した場所

日がよくあたり、風通しのよい場所が適する。半日陰でも育つが、間延びして枝が細く葉の数が少なくなりがち。

◉水やり

表土がやや乾いたら、たっぷりと与える。根付いた地植え株は、雨水程度でOK。

◉病害虫

ケムシやカイガラムシなどの被害にあいやすい。ケムシはすぐに薬剤散布するか枝ごと処分を。カイガラムシがつくとすす病を併発して、葉に黒い粉をまぶしたようになる。カイガラムシはこすり落とし、すす病は拭き取るか、枝ごと切り落として処分する。

◉植え付け

地植えの場合は、春先に出まわる苗木を、日あたりと排水のよい、やや乾燥ぎみの場所に植え付ける。鉢植えの場合は、ポット苗を5号以上の鉢に植え付け、生長に応じて大きな鉢に植え替える。

◉肥料

肥沃な土壌を好むので、植え付け時に元肥を施し、生育期には追肥を施す。

◉作業

放任すると枝が伸び過ぎ、枝葉が込み入ったり樹高が高くなり過ぎたりする。春には枝を切り戻したり、多すぎる枝を間引いて「枝すかし」をしたりして、内側の風通しと日あたりをよくする。

収穫＆利用のコツ

ドライには、若い葉より半年以上たった緑の濃いものを使います。料理には生でも使えますが、乾燥させた方が香りが高くなります。

葉を数枚スープやマリネに加えて、香り付けに。ブーケガルニにも最適で、野菜や肉、魚などさまざまな素材の煮込み料理と合います。

濃緑の葉姿が美しい常緑樹で、ガーデンの背景にもよく映えます。

枝ごと風通しのよい日陰に吊るせば、すぐにドライに。リースなどに平らな葉を使いたいときは、重石をして乾かすのも手。

和風のだしで、たまねぎを丸ごと煮て。ローリエの芳香とわずかな苦味がプラスされて美味！

ワイルドストロベリー

Fragaria vesca

科名
バラ科

別名
エゾヘビイチゴ、ヨーロッパクサイチゴ、ウッドストロベリー

小粒でも濃厚な味わいで、甘い香りが周囲にただよいます。熟しても白いままの、白実種もあります。

葉の間から伸びる茎の先に５弁の愛らしい花が咲き、実を付けます。

DATA

- **日あたり**
- **水やり**
  乾燥に弱いので、乾いたらたっぷりと
- **草丈**　10〜30cm
- **分類**　多年草（非耐寒性）
- **増やし方**
  タネまき、株分け
- **利用部位**　実、葉

どんなハーブ？

立ち上がる茎の先に、小指の先ほどの小さなかわいい実がいくつも付きます。甘くて香りが強く、大粒イチゴをぎゅっと凝縮したような味わい。酸味が少ないので、摘み取ってそのまま生で味わえます。

出まわる品種の多くは四季咲きで、暖地ではほぼ一年中開花し、収穫が楽しめます。果実には美容効果のあるビタミンＣが豊富に含まれます。葉を用いたティーには利尿や強壮の効果があり、飲む直前に果実をひと粒カップに入れれば、甘いイチゴの香りが広がります。

育て方のポイント

北海道では野生化したほど寒さに強く、生育が旺盛で地面を覆《は》うように広がるので、グラウンドカバーにも用いられます。ただし、長く栽培すると株が老化して、実付きが悪くなります。たくさん収穫したいときは、１年おきに株を更新して若返りをはかりましょう。株元から横に伸びるランナーの先に子株ができますから、切り取って掘りあげると増やせます。地植えではそのまま根付き、地面を覆うように広がります。

栽培カレンダー

	1月	2月	3月	4月	5月	6月	7月	8月	9月	10月	11月	12月
苗の植え付け			●	●	●				●	●		
タネまき				●	●				●	●		
花期			●	●	●	●	●		●	●	条件があえば周年	
収穫					●	●	●	●	●	●	●	
作業			株分け	株分け				ランナーの植え付け	ランナーの植え付け／株分け	ランナーの植え付け／株分け		

Gardening Tips

生育が旺盛で、グラウンドカバーにも利用されます

繊細な印象に似合わず、寒さに強く生育旺盛。株が大きく広がって育ちます。

株元から新芽が出て、こんもりとボリュームアップします。また、株元から横に伸びるランナーの先に子株ができ、広がって育ちます。

春に幼苗を植え付けても、2ヶ月もすればこんもりする。

そのまま育てると地面を覆うように広がる。

栽培メモ

◉適した場所

日なたを好む。半日陰でも育つが、花付きが悪くなる。高温多湿にやや弱く、猛暑時は実付きが悪くなったり葉が落ちたりする。風通しのよい場所を選び、株元に敷きワラなどを施すか遮光を。

◉水やり

乾燥を嫌うので、土の表面がやや乾いたらたっぷりと与える。

◉病害虫

新芽や葉裏にアブラムシが付きやすいので、まめにチェックを。高温多湿で灰色カビ病やうどん粉病、乾燥でハダニが発生することがあるので注意。枯れた葉はまめに取ること。

◉植え付け

横に広がって育つので、株間を30cmほどあけて植え付ける。株元にある新芽が土に埋まってしまうと枯れることがあるので、深植えしないこと。

◉肥料

植え付け時に元肥を与える。窒素肥料を与え過ぎると花付きが悪くなるので注意。

◉作業

株元から横に伸びるランナーは、そのままにすると株の勢いが分散するので、子株を育てる以外は切り取る。秋に伸びるランナーの中で勢いのよいものを選んで鉢上げし、株が充実したら定植を。

収穫＆利用のコツ

果実は、熟した順に収穫しましょう。冷凍保存しておけば、たくさんの実を一度に使うこともできます。葉は汚れやアブラムシなどが付きやすいので、よく洗ってからドライに。

デザートに飾ったり、ケーキやパイに入れて。甘味と香りが強く、濃厚な風味が味わえます。

葉をよく乾燥させ、熱湯をそそいでティーに。飲む直前に実を入れれば、香りと甘味をプラス。

ジンやホワイトリカーに漬けて、甘いストロベリー風味のリキュールに。

Guide to Uses

▶果実に含まれるビタミンCは水溶性なので、ヘタを取ってから長く洗わないこと。
▶葉をティーに用いるときは、十分に乾燥させましょう。利尿や緩下、健胃効果があります。

Column

どんどん収穫を!

植物にとっては切ることも大事

収穫のために切った場所からはわき芽が伸びて、こんもりと大きく育ちます。どんどん収穫して、日々の生活にハーブを利用しましょう!

常緑のハーブはいつでも収穫できるのですが、春先のどんどん芽が伸びてくる頃、花の咲く前がいちばんおいしい！　香りが高く、葉がやわらかいので風味がよいのです。切り花やクラフトにするときも、この時期に収穫するのがおすすめ。そして、この時期は株の勢いがよいので、収穫してもまたすぐに新しい芽が伸びてくるのです。

　いつでも収穫したいのであれば、株の数を増やして、収穫する株と休ませる株を分けるのも手。大きな株なら、思いきって切り戻す部分と、新芽を伸ばす部分に差をつけて育ててもよいでしょう。

　葉は、植物が光合成するのにとても大切。ただし、株を植え替えたときや根詰まりなどでダメージがあるときは、水分の蒸散を抑えて株の負担を軽くするために、葉を少なくしてやるとよいのです。また、長く育てると、しだいに株姿が乱れて生長が悪くなってきます。こんなときも、茎や枝を思い切って短く切ってやりましょう。すると新芽が伸び、若い枝が元気に生長を始めて株姿が整うのです。

　愛情かけて育てるほど、切ることにとまどってしまうかもしれません。でもハーブをいきいきとした姿に育てるためには、ときには思い切って切ることが大切なのです。

（高浜真理子）

ティーのために新芽を摘むことは、ハーブをこんもり育てる効果も！

ミントやタイム、チャイブなどは株元から次々新芽が伸びるので、勢いのよい株なら地ぎわから切って収穫しても大丈夫。勢いがよいかどうか不安なときは、「保険」のために葉を２～３枚残して収穫します。

バジルやローズマリーなどは枝分かれした茎の根元から、１本の茎が長く伸びるフェンネルなどは葉柄の根元から収穫しましょう。

収穫したばかりのハーブの風味は格別。食卓を豊かに彩ります。

3章

ハーブ&ガーデンプランツ
カタログ

Plant by Plant Guide

アニス・ヒソップ

- シソ科
- 多年草(耐寒性)
- 草丈／30〜80cm
- 増やし方／株分け、タネまき

どんなハーブ?

セリ科のアニスを思わせる香りのヒソップ。甘い香りはミツバチも引き付けます。茎がまっすぐに伸びて多く枝分かれし、花穂も長く、ジャイアントヒソップの別名のとおりボリュームのある姿に育ちます。葉のティーはすっきりした甘味で、古くは咳止めに利用されました。花弁(花びら)や葉は生食でき、細かく刻んでドレッシングに入れても美味。

育て方のコツ

暑さや寒さにも比較的強く、こぼれダネで育つほど丈夫です。夏は株元が蒸れないように茎をすかして風通しをよくし、冬は地上部を刈り込みます。花が長くたくさん咲くので、水切れや肥料切れに注意を。

Gardening Tips　切り戻して長く楽しむ

咲き終わった花穂は立ち枯れたように長く残りますが、できるだけ摘み取ります。花のピークを過ぎたら草丈を1/2〜1/3に切り戻すと、秋には再び楽しめます。

1ヶ月ほどで新芽がこんもりと育つ。

太い茎を、節の上で短く切り戻す。

	1月	2月	3月	4月	5月	6月	7月	8月	9月	10月	11月	12月
苗の植え付け				●	●							
収穫					●	●	●	●	●	●		

アイスプラント

- ハマミズナ科
- 多年草(耐寒性)
- 草丈／10〜30cm
- 増やし方／タネまき、さし木

どんなハーブ?

サクッとした歯ざわりではのかに塩味と酸味があり、キラキラ光る表面の液胞は海ぶどうに似たプチプチした食感。ミネラルを豊富に含むふしぎな新顔野菜として注目され、生産者によってソルトリーフ、バラフ、クリスタルリーフ、プッチーナ、ソルティーナなどの商標が付けられています。タネや苗も出まわり始めました。

育て方のコツ

アフリカ原産の多肉植物で、這うように広がります。根から吸収した物質を体内に蓄積する力が強いので、水耕栽培か、新しく清潔な用土を用いること。収穫が近付いたら海水程度の塩水を与えると、塩味になります。

	1月	2月	3月	4月	5月	6月	7月	8月	9月	10月	11月	12月
苗の植え付け			●	●	●	●	●	●	●	●		
収穫	(生長に応じて)											

アグリモニー

- バラ科
- 多年草(耐寒性)
- 草丈／30〜70cm
- 増やし方／株分け、タネまき

どんなハーブ?

和名はセイヨウキンミズヒキ、日本の野山にも自生するキンミズヒキの仲間です。乾燥させた茎葉はアプリコットのような香りで、ティーやハーブバスに向きます。漢方薬として利用されるキンミズヒキ同様、収れん、下痢止めの効果、煎液には止血、消炎効果があるといわれます。

育て方のコツ

毎年こぼれダネで育つほど丈夫で、日あたりのよい場所でもやや悪い場所でも育ちます。果実(正しくは萼筒《がくとう》)はパラシュート形でトゲが衣服に付きます。花が咲き始めたら刈り取って収穫を。

	1月	2月	3月	4月	5月	6月	7月	8月	9月	10月	11月	12月
苗の植え付け				●	●							
収穫						●	●	●	●			

その他のハーブカタログ｜ア

アンチューサ

- ムラサキ科
- 多年草（耐寒性）
- 草丈／50〜120cm
- 増やし方／タネまき、株分け

ブルー・シャワー
(*A. leptophylla*)

アルカネット
(*A. officinalis*)

どんなハーブ？

多くの種があり、アルカネットなど種名や品種名でも流通します。愛らしい小花は生食や、砂糖漬けに。花に似合わず茎や葉はチクチクする剛毛で覆われ、乾燥葉はほのかなムスクの香りがします。根は赤系色の染料としてリップクリームや手づくりせっけんの色付けに利用したり、煎じて去痰や血液浄化などに用いられます。

育て方のコツ

生育が旺盛で、荒れ地や道ばたに野生化するほど。高温多湿にやや弱いので、開花後は早めに花茎を切り取り、切り戻しをして風通しをよくすること。

Gardening Tips 風通しのよい環境を

株間は広めに取って植え付けましょう。

移植を嫌い、夏の暑さにやや弱いので、適期を逃さず定植を。

花後は切り戻しを

花のピークが過ぎたら、花茎を根元から切り取ります。

花は下から順に咲く。先端の花が咲き終わる頃にはタネができるので、早めにカットを。

	1月	2月	3月	4月	5月	6月	7月	8月	9月	10月	11月	12月
苗の植え付け			■	■	■							
収穫				■	■	■	■	品種によって				

アルケミラ

- バラ科
- 多年草（耐寒性）
- 草丈／20〜60cm
- 増やし方／株分け、タネまき

どんなハーブ？

大きく広がった葉にたまる水滴には万能の力があると信じられ、「錬金術」に由来して名が付けられました。葉を乾燥させたティーは更年期障害や婦人疾患に効果があるとされ、レディースマントル（婦人のマント）の名もあります。

育て方のコツ

丈夫で手間がかからず、半日陰の花壇に重宝。日あたりがよくても育ちますが、夏の高温多湿にやや弱いので、暖地では半日陰の方がよく育ちます。タネをまいてから発芽まで長く、幼苗のうちは生長も遅いので、苗を植え付けるのが手軽です。

	1月	2月	3月	4月	5月	6月	7月	8月	9月	10月	11月	12月
苗の植え付け				■	■	■			■	■		
収穫				■	■	■	■	■	■	■		

アンジェリカ

- セリ科
- 二年草（耐寒性）
- 草丈／40〜200cm
- 増やし方／タネまき

どんなハーブ？

薬として利用されたことからエンジェル（天使）に由来した名前ですが、和名はいかつい名のヨロイグサ。アシタバに似た草姿で、葉柄が太く中空。若い葉柄は刻んでサラダに加えたり砂糖漬けにしたり、ルバーブや柑橘系のジャムに加えると酸味をやわらげます。根やタネから採った精油はリキュールの香り付けに。

育て方のコツ

日なた〜半日陰で冷涼な場所を好みます。大きく育つので、広めの花壇か大鉢に植え付けを。生食や砂糖漬けには春に若い葉柄を収穫するとよいでしょう。

	1月	2月	3月	4月	5月	6月	7月	8月	9月	10月	11月	12月
苗の植え付け				■	■	■			■	■		
収穫				■	■	■	■	■	■	■		

エビスグサ

- マメ科
- 多年草（非耐寒性）
  （または低木）
- 草丈／50〜150cm
- 増やし方／タネまき

どんなハーブ?

タネは決明子（ケツメイシ）として健胃、強壮、緩下、眼病などに利用されます。ティーはハブ茶の名でおなじみ。古くは仲間で小葉の先が尖るハブソウが、緩下作用があってヘビ毒にも効果があるとしてハブ茶と呼ばれましたが、現在では収穫量の多い本種も利用されます。

育て方のコツ

移植を嫌うので、４月頃に直まき。サヤが褐色になったら収穫し、よく乾燥させてタネを取り出したら鍋などで焙じます。はじけるので途中からふたを。

	1月	2月	3月	4月	5月	6月	7月	8月	9月	10月	11月	12月
苗の植え付け				━	━							
収穫			（緑肥として全草利用）			━	━	━		━	（タネ）	

エリンジウム

- セリ科
- 多年草（耐寒性）
- 草丈／30〜100cm
- 増やし方／タネまき、株分け

どんなハーブ?

青味がかったシルバーリーフと、トゲの多い苞葉（ほうよう）に球状の花が包まれるスタイリッシュな株姿。枝ごと乾燥させてドライフラワーにし、ポプリやクラフトに利用します。葉や根に芳香があり、強壮や利尿の効果があるとされるシーホーリー（*E.maritimum*）などの種もあります。

育て方のコツ

タネは二年草として扱います。やや乾燥ぎみを好み、高温多湿を嫌います。風通しをよくし、夏は西日の強光を避け、木もれ日程度の日差しがあたる場所で管理を。

	1月	2月	3月	4月	5月	6月	7月	8月	9月	10月	11月	12月
苗の植え付け			━	━					━	━		
収穫							━	━				

エキナセア

- キク科
- 多年草（耐寒性）
- 草丈／50〜120cm
- 増やし方／タネまき、株分け

黄花のエキナセア・パラドクサ

別名パープルコーンフラワー
（エキナセア・パープレア）

どんなハーブ?

風邪やインフルエンザなどのウイルス感染に抵抗するインターフェロンを活性化し、免疫力をパワーアップさせるハーブとして、近年注目されています。開花後に葉や茎を収穫し、乾燥させてティーに。乾燥させた根は、リンパ系の強化、抗アレルギー、抗炎症の作用もあるといわれます。和名はムラサキバレンギク、初夏から秋まで暑さに負けず咲き続ける花壇花としても人気です。

育て方のコツ

丈夫でほとんど手間がかからず、日あたりがよい場所では次々と花が咲きます。開花が進むと花芯が盛り上がって花弁（花びら）が反ります。花は早めに切りましょう。冬は地上部が枯れますが、春には再び新芽が伸びます。

Gardening Tips 切り戻すと長く花が楽しめる

よい花をたくさん咲かせるコツは、まめな花がら摘みと切り戻しをすること。株元に出た新芽は、根が付くように親株と切り離して掘りあげると、株分けできます。

主軸の茎頂から順に花が咲く。咲き終わった花を長く残すと、次の花が小さくなってしまう。花後は早めに花茎の根元で切る。

株姿が乱れたら思いきって短く切り戻すと、株元から出た新芽が勢いよく伸びる。

	1月	2月	3月	4月	5月	6月	7月	8月	9月	10月	11月	12月
苗の植え付け		━	━	━	━				━	━		
収穫						━	━	━	━			

カレープラント

- キク科
- 耐寒性多年草
- 草丈／30～60cm
- 増やし方／さし木、株分け

どんなハーブ?

葉に触れるとただよう香りは、まさに「日本のカレー」の香り。ただし、カレーには使わず、ピクルスやシチューなどの香り付けに用いられます。煮込むと苦味が出るので、香りが出たら取り除くか、料理の仕上げに飾って香りを楽しみましょう。美しいシルバーリーフはハーブガーデンのアクセントにもなり、ドライにしてリースの材料などにも活用できます。

育て方のコツ

株元が蒸れて葉が落ちやすいので注意。まめに切り戻しをして草丈を低く仕立てると、新芽がたくさん出て美しい葉色を堪能できます。アブラムシがつきやすいのでまめにチェックをし、早めの対処を。

Gardening Tips 蒸れは禁物!

込み入った枝をすかして株元の風通しをよくしましょう。

株姿が乱れて全体が見苦しくなったら、地ぎわから10cmほど残して刈り込み、株元から出る新芽を育てる。

花後そのままにすると、株元が蒸れて葉が落ちやすい。1/3～1/2ほど残して刈り込むとよい。

	1月	2月	3月	4月	5月	6月	7月	8月	9月	10月	11月	12月
苗の植え付け			●	●	●							
収穫	●	●	●	●	●	●	●	●	●	●	●	●

（葉があるうちはいつでも）

オックスアイ・デージー

- キク科
- 多年草（耐寒性）
- 草丈／30～100cm
- 増やし方／タネまき、株分け

どんなハーブ?

和名はフランスギク。花はバルサム系のすっきりとした香りでアロマテラピーに用いるほか、収れんの効果がありローションなどに利用されます。

育て方のコツ

丈夫で育てやすく、生育が旺盛で日あたりがよい場所ではどんどん増えて半野生化するほどです。あまり混み合うと花付きが悪くなるので、3～4年ごとに株分けを。花の盛りを過ぎると見た目が悪くうどん粉病なども発生しやすいので、地ぎわで刈り込むとよいでしょう。

	1月	2月	3月	4月	5月	6月	7月	8月	9月	10月	11月	12月
苗の植え付け	●	●									●	●
収穫				●	●	（開花期）						

カラミンサ

- シソ科
- 多年草（耐寒性）
- 草丈／30～60cm
- 増やし方／タネまき、株分け

どんなハーブ?

ギリシア語で「美しいミント」を意味し、カラミント、カラミンタとも呼ばれます。古くは薬用に用いられましたが、近年はほとんど用いられません。花壇によく映え、切り花として香りを楽しんだり、若葉を料理の風味付けに利用します。

育て方のコツ

丈夫で育てやすく、よく茂ります。日あたりが悪いと徒長するので注意を。株元が蒸れた時や水切れすると、下葉が落ちます。込み入ったところは枝をすき、花後は1/2～1/3ほどに刈り込みます。春に株元から新芽が出たら、古い枝は地ぎわから切って株姿を整えましょう。

	1月	2月	3月	4月	5月	6月	7月	8月	9月	10月	11月	12月
苗の植え付け			●	●	●	●			●	●		
収穫						●	●	●	●	●	（開花期）	

コモンスピードウェル

- ゴマノハグサ科
- 多年草（耐寒性）
- 草丈／5～15cm
- 増やし方／タネまき、株分け、さし木

どんなハーブ?

別名薬用ベロニカ。乾燥した葉をティーに用います。リンパ系の働きを活性化し、去痰効果があるといわれます。ベロニカは種類が豊富で花壇花としても人気ですが、本種は地面を這うように広がって育ち、グラウンドカバーとして利用されます。

育て方のコツ

日なた～半日陰で育ち､生長がとても早く丈夫です｡しっかりと地面に根を張ってカーペット状に広がるので、雑草防止の効果も。茂り過ぎて株元が蒸れたら株分けを。

	1月	2月	3月	4月	5月	6月	7月	8月	9月	10月	11月	12月
苗の植え付け												
収穫						(主に5～10月)						

カルダモン

- ショウガ科
- 多年草（非耐寒性）
- 草丈／100～300cm
- 増やし方／タネまき、株分け

どんなハーブ?

タネをスパイスとして利用します。紀元前から利用されていたといわれるほど歴史が古く、世界各地で愛用されています。カレーのほか､肉や魚料理の臭み消し、お菓子やコーヒー、紅茶、ワインなどの香り付けにも。

育て方のコツ

南インドやスリランカの熱帯雨林に自生する植物で、平均20℃前後が望ましく越冬には10℃前後必要。温暖な地域や温室がある環境では育てるのも比較的容易で、最上級とされるグリーンカルダモン（完熟直前の果実を収穫して乾燥させたもの）も収穫可能。

	1月	2月	3月	4月	5月	6月	7月	8月	9月	10月	11月	12月
苗の植え付け												
収穫												

カレーリーフ

- ミカン科
- 常緑低木（高木）
- 樹高／200～500cm
- 増やし方／さし木

どんなハーブ?

葉はカレーとフルーツをミックスした強い香りで、煮込み料理や、刻んでチャツネに加えるなど周年利用できますが、乾燥させると香りが弱まります。花からは精油が採れ、香り付けに利用されます。葉、樹皮、根は鎮静や強壮など薬用に使われます。

育て方のコツ

ナンヨウザンショウの和名の通り、奄美大島などでは生け垣に利用されるほど丈夫な植物ですが、寒さに弱い植物です。鉢植えにして、冬は日のあたる室内で乾かしぎみに管理を。

	1月	2月	3月	4月	5月	6月	7月	8月	9月	10月	11月	12月
苗の植え付け												
収穫						(葉があるときはいつでも)						

カレンデュラ

- キク科
- 一年草
- 草丈／20～60cm
- 増やし方／タネまき

どんなハーブ?

和名はキンセンカで、ポットマリーゴールドの名でも流通します。古代ローマより、花や葉を料理や薬用に利用してきました。収れん、消炎作用があり、肝臓の働きや消化不良を助けるティーとしても愛飲されます。花弁（花びら）はピラフやサラダの彩りに散らしたりポプリにしたり、化粧水などにも利用されます。

育て方のコツ

日あたりと風通しがよければ旺盛に育ちます。うどん粉病やヨトウムシがつきやすいので花がらを早めに切り、茎をすかして風通しをよくします。

	1月	2月	3月	4月	5月	6月	7月	8月	9月	10月	11月	12月
苗の植え付け												
収穫												

キャットニップ キャットミント

- シソ科
- 多年草（耐寒性）
- 草丈／20〜60cm
- 増やし方／タネまき、さし木

どんなハーブ？

ミントに似た香りのキャットニップ（*Nepeta catarina*）、ミント＆ほのかなマツタケの香りのキャットミント（*N. mussinii*）は、イヌハッカ属の近縁種。英名はネコ、和名はイヌの名が付くのが楽しいですが、市場ではほかの近縁種や園芸種も含めて名前が混乱して出まわっているようです。生やドライのティーは胃腸の働きを助け、発汗作用があるとされます。ややクセのあるマツタケ臭はドライにするとやわらぎ、ポプリにも向きます。

育て方のコツ

キャットニップ（*N.catarina*）は茎がまっすぐに伸びて枝分かれして茂り、キャットミント（*N. mussinii*）はややしだれるような草姿。いずれも生育が旺盛なので、切り戻しながら育てます。

Gardening Tips まめに切り戻しを！

高温多湿で株元が枯れ込むので、風通しをよくします。

春先の花が一段落すると、株元が枯れ込む。

花後は株を1/2〜1/3に刈り揃える（写真右）か、短く切り戻して株元の新芽を育てる（写真左）。

	1月	2月	3月	4月	5月	6月	7月	8月	9月	10月	11月	12月
苗の植え付け												
収穫												

コンフリー

- ムラサキ科
- 多年草（耐寒性）
- 草丈／40〜120cm
- 増やし方／タネまき、株分け

どんなハーブ？

全体に短毛があってごわごわとした質感ですが、愛らしい小花がつり鐘のように咲きます。食用にされた時期もありますが、近年、コンフリーに含まれる成分による健康被害が指摘され、平成16年に厚生労働省より摂取自粛が示されました。ただし、栽培を楽しむには影響がなく、切り花や全草を刻んで堆肥などにも利用できます。

育て方のコツ

日なた〜木陰でも育ち、姿が似ているボリジよりも蒸れや寒さに強く、大変丈夫です。生育が旺盛なので、広い場所か６号以上の大鉢に植え付けを。

	1月	2月	3月	4月	5月	6月	7月	8月	9月	10月	11月	12月
苗の植え付け												
収穫												

ケイパー

- フウチョウソウ科
- つる性の落葉低木（非耐寒性）
- 草丈／50〜100cm
- 増やし方／さし木、取り木

どんなハーブ？

華やかな花は１日でしぼみます。咲く前のつぼみはピクルスに利用され、ほのかな辛みでフランス料理ではカープルの名で親しまれます。若い実のピクルスは、スモークサーモンやタルタルソースの風味付けとしておなじみです。

育て方のコツ

本来は常緑性ですが寒さに弱いので落葉低木として扱い、冬は室内で管理を。生育が旺盛なので、大きな鉢に植え、落葉後に切り戻してコンパクトにするか、暖かい時期にさし木をした苗の状態で冬越しさせます。葉に白い粉をふくのは特徴で、病気ではないので心配無用。

	1月	2月	3月	4月	5月	6月	7月	8月	9月	10月	11月	12月
苗の植え付け												
収穫				（つぼみ）				（若い果実）※温度があれば周年開花				

ゴーヤ

- ウリ科
- 一年草
- 草丈／つる性（180cm以上の支柱仕立てに）
- 増やし方／タネまき

どんなハーブ？

ニガウリ、ツルレイシより、沖縄言葉のゴーヤの名で呼ばれることが増えました。ビタミンCなどを豊富に含む健康野菜で、実を薄く切って天日干しや電子レンジで水分を飛ばすと独特の苦味のあるティーに。タネだけを焙じると、ほうじ茶に似た苦味のないティーになります。

育て方のコツ

生育が旺盛でコンテナでもよく育ち、窓辺で夏の強光を遮る「緑のカーテン」としても注目されています。巻きヒゲがからみつきながら生長するので、フェンスを利用したり支柱にネットを張ったりして工夫を。

	1月	2月	3月	4月	5月	6月	7月	8月	9月	10月	11月	12月
苗の植え付け					■	■						
収穫							■	■	■			

コーンフラワー

- キク科
- 一年草
- 草丈／30〜100cm
- 増やし方／タネまき

どんなハーブ？

ヤグルマソウ、ヤグルマギクの和名でおなじみ。生の花はサラダの彩りやアイスクリーム、ゼリーに混ぜて。ドライにしても色がほとんど褪せないので、ポプリやティーの彩りに重宝します。ティーには収れん、抗炎症作用があり、強壮効果や利尿の効果もあります。

育て方のコツ

苗も出まわりますが、タネまきからでも育てやすく群生させると見事。秋に直まきしますが、寒冷地では腐葉土などで覆って防寒を。

	1月	2月	3月	4月	5月	6月	7月	8月	9月	10月	11月	12月
苗の植え付け			■	■								
収穫					■	■	■					

コットン

- アオイ科
- 多年草（非耐寒性、一年草扱い）
- 草丈／30〜150cm
- 増やし方／タネ

どんなハーブ？

綿（ワタ）は世界各地で栽培され、多くの種類があります。カラーリーフとしても美しい葉、オクラに似た繊細な花で、ハーブガーデンにも相性抜群。実がはじけたら、ハーブサシェなどに自分で育てたバージンコットンが使えるのも魅力です。近頃は栽培が容易なドワーフ（わい性）タイプの「綿花子（わたがし）」など、鉢植え向きの園芸品種も。

花後にできる実がしだいにはじけて、コットンボールが収穫できる。

育て方のコツ

日あたりと排水のよい場所を選び、根を崩さずに植えるのがコツ。タネから育てるときは、アサガオと同じ頃に直まきします。高性種は100cm以上に育ちますが、早めに切り戻すと分枝が増え、たくさん収穫できます。

	1月	2月	3月	4月	5月	6月	7月	8月	9月	10月	11月	12月
苗の植え付け					■	■						
収穫							(※品種による)			■	■	■

Gardening Tips　花が落ちてもあわてずに

早くに咲いた場合や、水切れなどのトラブルがあると実が育たないことがあります。じょうずに管理すればその後も花が咲き、実が膨らんできます。

品種によって、さまざまな葉色が楽しめます。写真はアカバワタの名があるシックな銅葉種。

コットンボールと生ハーブでつくるふんわりサシェは、自家栽培ならではの楽しみ。

サルビア

- シソ科
- 多年草（耐寒性）、一年草
- 草丈／25〜200cm
- 増やし方／タネまき、さし木

サルビア・レウカンサ

メキシカンブッシュセージとも呼ばれ、大きくブッシュ状に茂る。秋に咲くビロードのような手触りの花は、ドライに最適。

どんなハーブ？

サルビア属の植物は世界の広い地域に分布し、変化に富みます。生長すると茎が木のように木質化する低木タイプ、やわらかい茎を持つ草本タイプなど、見た目だけでなく、耐暑性や耐寒性など性質も異なります。主に観賞用の一年草は「サルビア」と呼ぶ傾向があるものの、低木タイプや多年草タイプは「セージ」の付く英名で呼ばれたり、「宿根サルビア」と総称されたり混在します（セージ→83ページ）。香りのよい種は、ドライの葉をティーや料理の風味付け、生葉をハーバルバスなどに利用します。

育て方のコツ

★冬は強いが、高温多湿にやや弱いグループ

コモンセージなどヨーロッパ地中海に分布する種は、寒さに強いものが多く、冬越しの心配はほとんどありません。高温多湿を嫌うので、夏は涼しい環境づくりを。

★冬はやや弱いが、高温多湿に強いグループ

サルビア・レウカンサなど中南米に分布する種は、寒さにやや弱く、多くは冬に地上部が枯れるので、株元を腐葉土で覆うなど工夫を。

★一年草扱いのグループ

公園花壇などでもおなじみの花付きのよい草本性の小型種は、主に南北アメリカに分布する種やそれをもとにつくられた園芸品種。秋には枯れる一年草扱いです。

	1月	2月	3月	4月	5月	6月	7月	8月	9月	10月	11月	12月
苗の植え付け												
収穫										(品種によって)		

サルビア・ガラニチカ（*S.guaranitica*）

アニスセンテッドセージの別名の通り、アニスに似たやさしい甘い香りで、切り花にもハーバルバスにも。メドウセージの流通名で出まわったが、メドウセージ（＝***S.pratensis***）とは別種。

サルビア・シュネーフューゲル

寒さに強い多年性サルビア。初夏から長く花を咲かせる。高温多湿にやや弱いので、花後は刈り込んで風通しをよく。

サルビア・プラテンシス

草丈50cmほどのコンパクトな草姿。写真は花色が鮮やかなローズピンクの品種‘スイートエスメラルダ’。

ペインテッドセージ

色付く苞葉が個性的な一年草。初夏から秋まで華やかに咲き続け、見ごたえ十分。

チェリーセージ

ほのかにフルーツの香り。メキシコに分布するミクロフィラや、似た花姿のセージを総称して呼ぶ。

上が重くなりすぎたら切り戻す

早めに整枝をすれば、二番花も楽しめます。

下葉が落ち、アンバランスに。込み入った細枝をすいて1/3〜1/2ほどに刈り込むとよい。

こんもり茂った。

春のはじめ。

Gardening Tips

株元の蒸れは禁物！

花を長く楽しむには、茎をすいて風邪通しをよくするのがコツ。

蒸れて下葉が落ちたり茎が倒れたり、見苦しくなる前に切り戻しましょう。

ジャスミン

キバナジャスミン

ハゴロモジャスミン

- モクセイ科
- つる性の常緑低木
- 草丈／200～300cm
- 増やし方／さし木

どんなハーブ?

花が開くと周囲に甘い香りが広がり、花姿が見えなくてもその存在に気付くほど。古くから香水の材料に利用されてきました。暖地以外では冬越しに注意が必要ですが、別属で似た香りのキバナジャスミンやハゴロモジャスミンは寒さに比較的強く、花壇苗としてもよく出まわります。

育て方のコツ

キバナジャスミンやハゴロモジャスミンは刈り込みに強く、鉢植えでコンパクトに仕立てられます。関東以西では地植えも可能で、トレリスやフェンスに這わせてガーデンの背景や生け垣風に楽しめます。

	1月	2月	3月	4月	5月	6月	7月	8月	9月	10月	11月	12月
苗の植え付け			━	━								
収穫			━	━	━							

サントリナ

- キク科
- 常緑低木
- 樹高／20～60cm
- 増やし方／さし木

どんなハーブ?

別名コットンラベンダー。シルバーグレーの葉が美しく、初夏に飴玉のような花を咲かせます。葉が緑で花が黄色のグリーンサントリナ、花が球状でクリームイエローのレモンクイーンサントリナなどの種も。ドライにも向き、ポプリやリースなどのクラフトに重宝します。

育て方のコツ

高温多湿を嫌い、蒸れて株姿が乱れます。猛暑になって強剪定(せんてい)すると弱ることがあるので、梅雨前に込み入った茎をすき、風通しをよくしておきましょう。秋に株元で切り戻すと、新芽が伸びて株全体が若返ります。

	1月	2月	3月	4月	5月	6月	7月	8月	9月	10月	11月	12月
苗の植え付け			━	━	━							
収穫					━	━	━					

サラダバーネット

- バラ科
- 多年草(耐寒性)
- 草丈／30～70cm
- 増やし方／タネまき、株分け

どんなハーブ?

ギザギザのある小さな葉が葉柄に2枚ずつ揃って並ぶ姿がキュート。全草にタンニンが含まれ、古くは、止血や切り傷をいやす薬草として用いられました。キュウリに似た香りでビタミンCを含み、若葉をサラダやティーに利用します。さわやかな香りには食欲増進効果もあり、夏のグリーンサラダや冷製スープの風味付けに向きます。

育て方のコツ

日本に自生するワレモコウの仲間で、ほとんど手間がかかりません。こぼれダネからも増え、葉が重なって茂ります。外葉はかたくて生食に向かないので、葉をまめに間引いたり鉢植えにしたりして、あまり大株にしないように育てるのも一法です。

Gardening Tips タネまきに挑戦!

タネが大きいので、初心者でも安心。愛らしい幼苗の葉もキュウリの風味で、間引き菜もおいしい！

4～5粒まき、よい芽を2～3残す。根が張るまでは、底穴から水を吸わせるとよい。

	1月	2月	3月	4月	5月	6月	7月	8月	9月	10月	11月	12月
苗の植え付け			━	━	━				━	━		
収穫					━	━	━	━	━	━	━	

スープセロリ

- セリ科
- 二年草
- 草丈／20〜50cm
- 増やし方／タネまき

どんなハーブ？

見た目は同じセリ科のイタリアンパセリにそっくりですが、和名はオランダミツバでセロリの仲間。野菜として育てられるセロリには多くの品種がありますが、本種はその原種に近く香りが豊か。ビタミンB₁やB₂、カルシウムを豊富に含み、消化促進や血圧降下の働きがあります。

育て方のコツ

日なたを好みますが、半日陰でもよく育ちます。タネは気温が15〜20℃あればいつでも発芽しますが、収穫まで長くかかるので、春と秋に出まわるポット苗を植え付けるのが手軽。根鉢を崩さないように植え付けます。

	1月	2月	3月	4月	5月	6月	7月	8月	9月	10月	11月	12月
苗の植え付け				■	■				■	■		
収穫				（葉があるうちはいつでも）								

サザンウッド

- キク科
- 多年草（耐寒性）
- 草丈／40〜120cm
- 増やし方／タネまき、さし木

どんなハーブ？

ワームウッドや、学名のアルテミシアの名でも呼ばれます。和名はニガヨモギ。独特の苦味が健胃によいとされ、ヨーロッパでは葉をリキュール（アブサン）の原料にされましたが、現在では健康被害があるとして食用には用いられません。

シャープな香りで、衣服の虫除けに利用されたり、クラフトや花壇の彩りとして楽しみます。

育て方のコツ

野生化するほど丈夫で、栽培は容易。株が茂りすぎたときは、茎をすいたり、短く刈り込んで株姿を整えます。

	1月	2月	3月	4月	5月	6月	7月	8月	9月	10月	11月	12月
苗の植え付け				■	■							
収穫				■	■							

Gardening Tips 根が傷んだら植え替えを

排水性が悪かったり水切れしたりすると、根にダメージを受けて生長が悪くなります。元気な新芽を残してコンパクトに切り戻し、新しい用土で植え付けましょう。

❸ ❷ ❶
上部の葉は落ちたが新芽は元気。半分ほどに切り戻す。

❻ ❺ ❹
ふたまわり大きな鉢に、あまり根を崩さずに植え付ける。

サンショウ

- ミカン科
- 落葉低木
- 樹高／180〜300cm
- 増やし方／さし木

どんなハーブ？

独特のすがすがしい香りとピリッとした辛みがあり、日本で最も親しまれている香味料のひとつといえるでしょう。乾燥した果皮は粉末にしてスパイスや漢方薬に、葉は主に生で料理の香り付けに利用します。葉や若実はつくだ煮にしても美味。香り成分が脳や内臓の働きを活性化し、健胃や、暑気あたりなどに効果があるといわれます。

育て方のコツ

日なた〜半日陰で育ちます。雌雄異株なので、実を収穫したいときは雌株を選ぶこと。移植で弱りやすいので、ゆとりのある場所に地植えするか、大きめの鉢に植え付けます。イモムシなど害虫がつきやすいので注意を。

	1月	2月	3月	4月	5月	6月	7月	8月	9月	10月	11月	12月
苗の植え付け			■	■								
収穫				4〜10月（葉）					9〜10月（果実)			

ソレル

- タデ科
- 多年草（耐寒性）
- 草丈／30〜80cm
- 増やし方／タネまき、株分け

どんなハーブ?

タデ科のハーブで「タデ喰う虫も…」の言葉通り酸味があり、日本ではスイバ、スカンポなどと呼ばれて食用や皮膚病などの薬用に利用されました。すっきりとしたさわやかな酸味で、フランス料理ではオゼイユとも呼ばれてオムレツやスープなどによく利用されるほか、各国料理に利用されています。ガーデンソレルの名もあり、赤い葉脈が入る種はルメクス、赤軸ソレルなどの名で花壇を彩るカラーリーフとしても楽しまれます。

育て方のコツ

丈夫でほとんどどんな環境でも育ちます。アブラムシやカタツムリなどの被害を受けやすいので注意を。葉を長く収穫するには、花を咲かせないこと。伸びた花茎は根元から切ります。

Gardening Tips 根詰まりしたら植え替えを

小さな鉢ではすぐに鉢内が根でいっぱいになってしまいます。大きな鉢に植え替えましょう。

根詰まりすると水を与えても吸収できず、しだいに葉色が悪くやせてくる。

根を少し崩し、大きな植え替える。

生長が早く、2週間ほどでここまで復活する。

	1月	2月	3月	4月	5月	6月	7月	8月	9月	10月	11月	12月
苗の植え付け												
収　　穫												

ジョチュウギク

- キク科
- 多年草（耐寒性）
- 草丈／30〜80cm
- 増やし方／タネまき、株分け、さし木

どんなハーブ?

「除虫菊」は、かつては蚊取り線香の原料などにされ、戦前は日本が生産量の世界一を誇りました。主な殺虫成分はピレトリンで、白花種の方が赤花種より多く含まれます。ただし、この花を植えたら蚊が寄ってこないわけではありません。水あげがよく、切り花にも利用できます。

育て方のコツ

タネまきもできますが、定植までの育苗期間が長く、冬越しや夏越しがむずかしいため、苗を求める方が無難。咲き終わった花がらをまめに摘むと長く楽しめます。

	1月	2月	3月	4月	5月	6月	7月	8月	9月	10月	11月	12月
苗の植え付け												
収　　穫							（開花期）					

スイートバイオレット

- スミレ科
- 多年草（耐寒性）
- 草丈／15〜30cm
- 増やし方／タネまき、株分け

どんなハーブ?

早春から愛らしい花をたくさん咲かせます。花は甘い香りで、サラダの彩りにしたり砂糖漬けにしたり、ドライにしてポプリなどに利用します。葉や花のティーは、緊張やイライラを抑える効果があるとされ、咳や痰をしずめるうがいにも使われます。

育て方のコツ

庭先を彩るパンジーやビオラの仲間で、株元から伸びたランナーが根を張り、地面を這（は）うように広がって育ちます。多年草なので植えっぱなしでも楽しめますが、夏は暑さで地上部が枯れることも。茂り過ぎたら、間引いたり株分けしたりして風通しをよくします。

	1月	2月	3月	4月	5月	6月	7月	8月	9月	10月	11月	12月
苗の植え付け												
収　　穫										（花、葉）		

ジュニパー

- ヒノキ科
- 常緑高木
- 樹高／300cm～
- 増やし方／さし木

どんなハーブ?

和名はセイヨウネズ。多くの近縁種がありますが、精油の原料にされるのはコモンジュニパー（*Juniperus communis*）。古代より儀式のお香や伝染病対策の燻蒸、薬用などに利用されてきました。澄んだ芳香は気持ちをすっきりとさせ、集中力を高める効果があるといわれます。果実のジュニパーベリーはほのかな苦味と甘味があり、ジンの風味付けやティーに利用されます。殺菌や体を温める効果があり、ハーブバスにも向きます。

育て方のコツ

日あたりと、排水性のよい場所に植え付けます。刈り込みに耐え、鉢植えでコンパクトに育てることも可能です。

	1月	2月	3月	4月	5月	6月	7月	8月	9月	10月	11月	12月
苗の植え付け												
収穫		枝葉は周年利用可能									(果実)	

ズッキーニ

- ウリ科
- 一年草
- 草丈／50～80cm
- 増やし方／タネまき

どんなハーブ?

カロリーが低くβカロテンやカリウムを含むので、ダイエットに役立ち、美肌にも効果的。味は淡白ですが、調理によってさまざまに味わえます。油炒めや煮込み調理と相性抜群ですが、薄くスライスしてサラダにしても美味。フランス料理では花も利用し、肉やハーブライスなどを詰めれば彩りも楽しめます。

育て方のコツ

カボチャに似た大型のタネで、タネから育てるのも楽。苗は、広いスペース（株間は50～60cmほど）か、大型のプランターに植え付け、水切れに注意して管理します。1株で5～8本くらいは収穫できます。

	1月	2月	3月	4月	5月	6月	7月	8月	9月	10月	11月	12月
苗の植え付け												
収穫												

シマホオズキ
食用ホオズキ

- ナス科
- 一年草
- 草丈／80～120cm
- 増やし方／タネまき、さし木

どんなハーブ?

日本でおなじみのホオズキは実を観賞しますが、本種は食用のおいしいホオズキ。プチトマトをフルーティーにしたような風味で、ジャムや砂糖漬けなどに加工すれば保存も可能。ビタミンA、C、カロテンに加え、脂肪肝や肝硬変に効果があると話題のイノシトールも豊富に含まれています。

味わうのは秋に熟してから。緑の果実は未熟なので食べないこと。

育て方のコツ 1

フルーツほおずき「恋どろぼう」、ストロベリートマト、食用ホオズキなどの名前で苗が出まわりはじめました。開花が遅れると実が熟す前に寒さがくるので、適期を逃さずに植え付けます。

	1月	2月	3月	4月	5月	6月	7月	8月	9月	10月	11月	12月
苗の植え付け												
収穫												

Gardening Tips タネまきに挑戦!

ポットにまいて室内で育てて、定植のタイミングが遅れないようにしましょう。

タネは2月中旬～3月にポットに2～3粒まく。生長の遅い方を間引くか、株分けして1本立ちにして育苗を。

育て方のコツ 2

定植後は早めに支柱を立て、よく日にあてて育てましょう。一般的にはナスの整枝のように、いちばんさいしょに咲いた花の下の葉やわき芽を摘み取り、がっしりした枝の3本仕立てにします。枝が細いときやコンパクトに育てるときは、ミニトマトの要領でわき芽を摘み、1本仕立てにしてもOKです。

セントーレア・ギムノカルパ

- キク科
- 多年草（耐寒性）
- 草丈／50〜80cm
- 増やし方／タネまき、株分け

どんなハーブ?

セントーレアの近縁種には多くの種類があり、ヤグルマギクの和名でおなじみのコーンフラワー（→172ページ）もそのひとつ。本種は、ピンクダスティーミラーとも呼ばれる大型の多年性ヤグルマギクで、細かい切れ込みの入るシルバーリーフがハーブガーデンを美しく彩ります。初夏に咲くアザミに似たピンクの花も魅力。

育て方のコツ

日あたりのよい場所で育てましょう。高温多湿で株元が蒸れて枯れ込むので、風通しをよくします。冬は刈り込んでマルチングすると、翌春には美しい新芽が揃います。

	1月	2月	3月	4月	5月	6月	7月	8月	9月	10月	11月	12月
苗の植え付け			■	■								
収穫					■	■	■					

ソープワート

- ナデシコ科
- 多年草（耐寒性）
- 草丈／15〜100cm
- 増やし方／タネまき、株分け

どんなハーブ?

葉を揉むとヌルヌルした感触がするのは、サポニンが含まれるから。かつては茎葉を煮出してせっけんとしても利用され、シャボンソウの名も。ソープワート（*Saponaria officinalis*）の花期は7〜8月で株立ちに育ちますが、ロック・ソープワート（*S.ocymoides* ツルコザクラ）は5〜6月頃に咲き、地面を這（は）うように茂るのでグラウンドカバーやロックガーデンに向きます。

育て方のコツ

花の数は少なくなりますが、半日陰でも育ちます。花後は1/2〜2/3ほど残して切り戻すと、もう一度花が楽しめます。春と秋に株分けできます。

	1月	2月	3月	4月	5月	6月	7月	8月	9月	10月	11月	12月
苗の植え付け				■	■							
収穫									■	■		

Gardening Tips ダメージ株の復活

根腐れを起こした株も、新芽が元気なら復活する可能性大。古土をそっと落として、植え替えましょう。

葉先の色が悪くても、株元の新芽が元気なら復活する可能性大。

水を与え過ぎたり通気が悪いと、根腐れしやすい。

鉢からそっと株を抜き、傷んだ根や古い土を軽く落としてから新しい用土で植え付ける。しばらくは半日陰で養生を。

約1週間で緑の葉が増えた。このままじょうずに育てれば再び元気に茂る。

チャービル

- セリ科
- 一年草
- 草丈／20〜60cm
- 増やし方／タネまき

どんなハーブ?

フランス料理ではセルフィーユと呼び、若葉をそのままサラダやスープに入れたり、刻んでほかのハーブとミックスしたり、多くの料理に用いられます。イタリアンパセリをやさしい風情にした葉姿で、葉がやわらかく香りも繊細。「美食家のパセリ」の愛称もうなずけます。ほのかに甘い香りもあり、お菓子の香り付けにも用いられます。

育て方のコツ

イタリアンパセリの栽培に準じます。日あたりがよい場所で育てると香りが強くなりますが、葉がかたくなりがち。生食する場合は、明るい日陰で育てるのがおすすめ。

	1月	2月	3月	4月	5月	6月	7月	8月	9月	10月	11月	12月
苗の植え付け			■	■	■							
収穫			■	■	■	■	■	■	■	■	■	

ナスタチウム

- ノウゼンハレン科
- 一年草
- 草丈／30〜100cm
- 増やし方／タネまき

どんなハーブ?

咲いたばかりの花や若い葉は、生で食べるとピリッとした辛みがあり、サラダやサンドウイッチなどにアクセントをプラスします。風味が似たクレソンの代わりにもなり、英名では「庭先で育つクレソン」を意味するガーデンナスタチウム（＝ナスタチウムはクレソンの学名）の名が付けられました。日本ではハスを思わせる丸い葉の形からキンレンカ（金蓮花）の和名で親しまれていましたが、近頃は英名由来のナスタチウムの名で流通することが多くなりました。

育て方のコツ

摘芯すると分枝が増えて、ボリュームアップします。蒸し暑さに弱く、高温多湿の時期は花を休みますが、短めに切り戻して猛暑を乗り切れば、秋に再び花を咲かせます。

Gardening Tips タネまきに挑戦!

苗が小さいと夏越しがむずかしいので、早めにタネをまいて株を育てます。

3月下旬頃にまき、本葉が3〜4枚に育ったら定植する。やや深植えすると、株元がぐらつかずに姿も整う。

鉢土に穴をあけ、根を傷つけないように植えつけを。

約2週間後には、葉数が増えてボリュームアップ。

	1月	2月	3月	4月	5月	6月	7月	8月	9月	10月	11月	12月
苗の植え付け				━	━							
収穫	(花や葉があるうちはいつでも)				━	━	━	━	━	━		

デッドネトル

- シソ科
- 多年草（耐寒性）
- 草丈／15〜50cm
- 増やし方／さし木、株分け、（タネまき）

どんなハーブ?

半日陰を彩る花壇花としても人気で、学名のラミウムの名で多くの品種が出まわります。和名はヒメオドリコソウ。開花前の若芽はゆがいて食用に、煎じ液は肌の美容薬に用いられました。葉のティーは収れん、止血、子宮強壮作用や泌尿器系統を整える効果があるといわれます。

育て方のコツ

ほとんど手間がかかりません。茂りすぎると蒸れて下葉が落ちたり倒れて見苦しくなるので、込み入った茎をすいたり花後に刈り込んだり、風通しをよくします。

	1月	2月	3月	4月	5月	6月	7月	8月	9月	10月	11月	12月
苗の植え付け			━	━	━							
収穫				━	━	━						

タンジン

- シソ科
- 多年草（耐寒性）
- 草丈／40〜100cm
- 増やし方／タネまき、株分け、さし木

どんなハーブ?

藤色の花が愛らしいサルビアの仲間で中国薬用サルビア、薬用セージとも呼ばれ、古くから漢方薬に用いられています。根を乾燥させたものは生薬のタンジン（丹参）と呼びますが、赤味を帯びることからセキジン（赤参）の別名も。停滞する血液の流れをよくする作用があり、月経不調、高血圧、心機能の低下を改善したり、イライラした気持ちをやわらげる目的で処方されます。

育て方のコツ

サルビアの高性種の育て方に準じます。高温多湿にやや弱いので、株元の蒸れに注意を。

	1月	2月	3月	4月	5月	6月	7月	8月	9月	10月	11月	12月
苗の植え付け				━	━	━						
収穫						━	━	(開花期)				

ニゲラ

- キンポウゲ科
- 一年草
- 草丈／40〜80cm
- 増やし方／タネまき

どんなハーブ？

切れ込みのある繊細な葉と美しい花、花後にできるタネの姿もユニーク。学名のニゲラは黒を意味し、タネが黒いことに由来します。和名では**クロタネソウ**の名が付けられています。ドライに向き、クラフトやポプリの彩りに利用します。

育て方のコツ

日あたりのよい場所に苗の根をあまり崩さずに植え付け、風通しのよい環境を心がけます。ドライにするときは、適期に収穫を。収穫が遅れると風船状の実が茶色に変色しやすく、早過ぎると実がしぼんでしまいます。大きくなりきったときに収穫するときれいに仕上がります。

	1月	2月	3月	4月	5月	6月	7月	8月	9月	10月	11月	12月
苗の植え付け									●	●		
収穫					●	●	●					

バニラグラス

- イネ科
- 多年草（耐寒性）
- 草丈／20〜50cm
- 増やし方／タネまき、株分け

どんなハーブ？

別名**スイートバーナルグラス、ハルガヤ**。明治時代に牧草として導入されたものが、帰化植物として日本中に広がったといわれます。名前は、ほんのりバニラの香りがすることに由来しますが、乾燥させると桜餅を思わせる香りに。クッションの詰め物や、株元を覆うマルチング材に利用できます。ティーには向きません。

育て方のコツ

繁殖力が旺盛で、株元が蒸れやすくなります。鉢植えでは毎年、地植えでも2〜3年ごとに掘りあげて株分けを。花後に短く刈り込むと、翌年の新芽がきれいに揃います。

	1月	2月	3月	4月	5月	6月	7月	8月	9月	10月	11月	12月
苗の植え付け				●	●					●	●	
収穫												

トウガラシの仲間

- ナス科
- 多年草（非耐寒性、一年草扱い）
- 草丈／品種によって異なる
- 増やし方／タネまき

どんなハーブ？

含まれる成分のカプサイシンが、新陳代謝を促してダイエットを助けるとして注目されています。細長い実が熟すと赤色になるトウガラシがおなじみですが、タバスコの10倍の辛さといわれるオレンジ色の**ハバネロ**（写真左）など、個性的な種を選ぶのも楽しい。

育て方のコツ

3〜5月中旬にタネをまいて育てるか、ゴールデンウイーク前後に出まわる苗を植え付け、生長したら早めに支柱を立てます。長く収穫できるので、肥料不足にならないように追肥をしながら育てます。

	1月	2月	3月	4月	5月	6月	7月	8月	9月	10月	11月	12月
苗の植え付け				●	●							
収穫						（種によって異なる）						

ドロップワート

- バラ科
- 多年草（耐寒性）
- 草丈／60〜120cm
- 増やし方／株分け

どんなハーブ？

日本に自生するシモツケソウの仲間で、若葉や根は食用でき、かつては腎臓結石や呼吸困難などの薬用にされました。近縁の**メドウスイート**は、アスピリンの原料となるサリチル酸をはじめて分離した植物。ティーは胃の不快感を改善し、関節などの痛みを軽減するといわれます。アーモンドのような香りの花は、ドライでも楽しめます。

育て方のコツ

丈夫でほとんど手間がかかりません。排水性のよい日なたではたくさんの花を咲かせますが、半日陰でもよく育ちます。

	1月	2月	3月	4月	5月	6月	7月	8月	9月	10月	11月	12月
苗の植え付け			●	●					●	●		
収穫						6〜8月（花） 周年（根）						

バレリアン

- オミナエシ科
- 多年草(耐寒性)
- 草丈／60〜150cm
- 増やし方／タネまき、株分け

どんなハーブ?

名前は「よくなる」を意味するラテン語のバレーレにちなみ、ローマ時代から万能薬として用いられました。ストレスを取り除いたり精神の高ぶりを抑えたり、気持ちが安定する効果があるといわれます。和名はセイヨウカノコソウ。よく似ている近縁のカノコソウは、生薬キッソウコン(吉草根)の原料として用いられます。

育て方のコツ

野生化するほど草勢が強く、日あたりがよければ次々と花が咲きます。大きく育つのでボーダー花壇の後方に植えると見栄えがし、切り花としても楽しめます。

	1月	2月	3月	4月	5月	6月	7月	8月	9月	10月	11月	12月
苗の植え付け												
収　　穫												

バーベイン

- クマツヅラ科
- 多年草(耐寒性)
- 草丈／30〜80cm
- 増やし方／タネまき、株分け

どんなハーブ?

古代ギリシアより聖なるハーブとして神事に利用され、キリストの流血を止めた薬草としても信じられています。抗炎症成分を含み、ティーには苦味がありますが、神経消耗をやわらげて不眠改善に効果があるといわれます。葉はハーバルバスにも向き、煎じ液はマウスウォッシュにも使われます。

育て方のコツ

乾燥ぎみの環境を好むので、日あたりと排水のよい場所に植え付けます。日本の野原でもよく見かけるハーブで野生化します。増え過ぎたら株分けを。

	1月	2月	3月	4月	5月	6月	7月	8月	9月	10月	11月	12月
苗の植え付け												
収　　穫												

ハニーサックル

- スイカズラ科
- 落葉つる性低木(耐寒性)
- 草丈／5〜6m(つる性)
- 増やし方／タネまき、さし木

どんなハーブ?

夏のはじめ頃から、強い芳香の花を次々と咲かせます。甘酸っぱいジャムのような香りは、メモールガーデンならいっぱいに広がるほど。日本で古くから薬草に用いられたスイカズラの近縁種で、園芸種が多く、学名ロニセラの名でも出まわります。花はポプリやハーバルバス、切り花などに。つるは細くかたいので、カゴやリースづくりに重宝します。

園芸種のグラハムトーマス

育て方のコツ

丈夫で育てやすく、明るい半日陰でも育ちます。冬に剪定(せんてい)して株姿を整え、春に伸びた新芽を誘引しながら育てます。春先につるを切ると、花が咲かないことがあるので注意。茂り過ぎると内部が枯れ込むので、切り戻して風通しをよくします。

	1月	2月	3月	4月	5月	6月	7月	8月	9月	10月	11月	12月
苗の植え付け												
収　　穫										(開花)		

ツヤツヤのつぼみがしだいに開く姿も楽しい。実は食用にはしないこと。

Gardening Tips さし木で増やすのもかんたん!

太く充実した部分のつるを利用して、さし木で増やしましょう。春〜秋のいつでも行えます。

先端部分は使わず、かたく充実した部分を使うこと。2〜3節ずつに切り分け、下葉を落としてさし床にさす。

ハナビシソウ

- ケシ科
- 一年草または多年草
- 草丈／30〜60cm
- 増やし方／タネまき

どんなハーブ？
別名カリフォルニアポピー、エスコルチア。ケシは阿片の原料として知られますが、観賞用や料理に用いられる美しいケシ（ポピー）には、当然ながら麻酔成分は含まれていません。鮮やかな花色で、ハーブガーデンとも相性抜群です。

育て方のコツ
移植を嫌うので直まきします。苗も出まわりますが、タネから育てるのも容易で群生させると見栄えがします。通常は秋にタネをまきますが、寒冷地では春まきに。

	1月	2月	3月	4月	5月	6月	7月	8月	9月	10月	11月	12月
苗の植え付け										■		
収穫				■	■	■	■	■	（開花期）			

ヒソップ

- シソ科
- 多年草（耐寒性）
- 草丈／40〜60cm
- 増やし方／タネまき、さし木

どんなハーブ？
葉と萼（がく）にミントを思わせる淡い香りがあることから、和名はヤナギハッカ。上品な香りの精油は、香水にも利用されます。花や葉のティーは、古くから健胃、強壮、去痰などに利用されてきました。花は生食でき、開花直前に切った花はリキュールなどの香り付けにも利用されます。

育て方のコツ
生育が旺盛で、日あたりのよい場所を好みます。茎は直立しますが枝分かれが多く、株元は木質化します。冬は地上部が枯れますが翌春には新芽が伸びるので、晩秋に短く刈り込んでおきましょう。

	1月	2月	3月	4月	5月	6月	7月	8月	9月	10月	11月	12月
苗の植え付け			■	■	■	■	■	■	■			
収穫					■	■	■	■	（開花期）			

ベルガモット

- シソ科
- 多年草（耐寒性）
- 草丈／30〜150cm
- 増やし方／株分け、タネまき

どんなハーブ？
紅茶のアールグレイの香り付けで知られるベルガモットは、柑橘のベルガモットオレンジのこと。香りが似ていることからこの名が付けられました。モナルダの名でも出まわります。花も葉も香りがあり、高性種はボリュームが出るので花壇花としても迫力。繊細な花姿で、花弁（花びら）をはずしてサラダに散らしたり、ドリンクに浮かべたりしてもきれい。ティーやハーバルバスにも向きます。

育て方のコツ
夏の暑さには比較的強いですが、風通しをよくして蒸れを防ぎます。生育が旺盛なので、肥料切れを起こさないように追肥しながら育てます。地植えの場合も毎年植え替えをした方が、株が若返って新芽の勢いがよくなります。

ミントそっくりな葉の姿から学名（変種名）が付けられたワイルドベルガモット。花が大型で、葉はティーや料理の風味付けに向く。

つのが出るような咲きはじめの姿がユーモラスで、日々の変化も楽しい。

🌱 Gardening Tips　株間をあけて植え付けを！

摘芯（てきしん）すると、枝数が増えて花がたくさん楽しめます。

本葉が出たら、株間30〜40cm以上あけて植え付ける。先端の芽を摘む「摘芯」をしておくと、分枝が増える。

花は早めにカット！
次の花が小さくなるので、早めに根元から切りましょう。

分枝位置の少し上で切る。　**カット**

	1月	2月	3月	4月	5月	6月	7月	8月	9月	10月	11月	12月
苗の植え付け									■	■		
収穫					6月中旬〜8月上旬（花）				5月中旬〜8月中旬（葉）			

ホースラディッシュ

- アブラナ科
- 耐寒性多年草
- 草丈／30～100cm
- 増やし方／タネまき、さし木（根ざし）

どんなハーブ?

ローストビーフの辛味付けとしておなじみ。根にワサビに似た辛みがあり、すりおろして利用します。チューブわさびなどの原料にも使われます。根は周年収穫できますが、10～3月の落葉時に、植え付けて2年くらいの株を収穫するのが美味。長く育てると繊維がかたくなります。若葉も食用にできます。

育て方のコツ

日なたを好みますが半日陰でも育ちます。ポット苗は根鉢を崩さずに植え付けます。料理用に市販されているホースラディッシュの根を植え付けても育ちます。

	1月	2月	3月	4月	5月	6月	7月	8月	9月	10月	11月	12月
苗の植え付け			●	●	●	●	●	●	●			
収穫	●	●	●	●	●	●	●	●	●	●	●	●

10～3月（根）4～5月（若葉）

ヘリオトロープ

- ムラサキ科
- 多年草（半耐寒性）
- 草丈／30～100cm
- 増やし方／タネまき、さし木

どんなハーブ?

甘くすっきりとした香りで、かつては香水の原料として利用されました。白～紫の花が次々と長く咲き続けます。香りの強さは季節によって異なり、猛暑の時期はやや香りが薄れます。切り花やドライに向きますが、乾燥させると香りは薄れてしまいます。

育て方のコツ

日あたりがよく、夏の西日を避ける場所が適します。大きく育つので、広いスペースに地植えするか、大きめの鉢を用いて。冬は保温するか、室内で管理します。

	1月	2月	3月	4月	5月	6月	7月	8月	9月	10月	11月	12月
苗の植え付け				●	●				●	●		
収穫					●	●	●	●	●	●		

ホアハウンド

- シソ科
- 多年草（耐寒性）
- 草丈／30～80cm
- 増やし方／タネまき、さし木、株分け

どんなハーブ?

強烈な苦味のあるハーブ。和名はニガハッカ、学名も「苦い汁」にちなみます。古くから解毒や呼吸器系の疾患に使われ、ティーには咳止め、健胃、収れん、去痰の効果があるとされます。蜂蜜や黒砂糖を加えるか、緑茶やウーロン茶などとブレンドしても。後口がさっぱりし、花粉症や夏バテなどで鈍った集中力の回復を助けます。

育て方のコツ

風通しが悪いと下葉が落ちるので、まめに切り戻して風通しをよくしましょう。夏は日差しが強過ぎたり乾燥し過ぎたりすると、葉がごわついて色が悪くなります。

Gardening Tips 大きめの鉢に!

生長が旺盛なので、鉢が小さいとすぐに根詰まりを起こします。6号以上の鉢に植え付けるとよいでしょう。

ポット苗よりひとまわり大きな鉢に植えた株。すぐに鉢がきゅうくつに。

かたまった根鉢を崩し、新しい用土で植え付ける。

伸び過ぎた茎葉を10cmほどに切り戻す。株元から分枝が増えてこんもり育つ。

	1月	2月	3月	4月	5月	6月	7月	8月	9月	10月	11月	12月
苗の植え付け			●	●	●	●						
収穫				●	●	●	●	●	●	●		

ホップ

- クワ科
- 多年草(耐寒性)
- 草丈／6～10m(つる性)
- 増やし方／さし木、株分け

どんなハーブ?

ビールの原料としておなじみですが、それより古くから薬用に用いられてきました。やや苦味があるティーは、リラックス効果や、消化を促進する効果があるといわれます。近年、女性ホルモンのエストロゲンに似た働きを持つとして再注目されています。

育て方のコツ

日あたりのよい、冷涼な場所を好みます。雌雄異株で、雌花は受粉すると香り成分が薄れるので、雄株はほとんど栽培されません。地上部は秋に枯れますが、春に多くの新芽を伸ばします。5～6本残してほかの芽を摘芯すると、つるの勢いがよくなります。

	1月	2月	3月	4月	5月	6月	7月	8月	9月	10月	11月	12月
苗の植え付け												
収　　穫												

ベリー類(キイチゴ類)

- バラ科
- 落葉低木(耐寒性)
- 樹高／100～400cm
- 増やし方／さし木

どんなハーブ?

ラズベリー(フランボワーズ)とブラックベリーに大きく分かれます。近年、香り成分に脂肪燃焼効果があると話題を集めました。果実はジャムや果実酒などに広く利用され、そのまま冷凍やドライも可能。葉のティーは古くから血液浄化や膀胱炎などに用いられ、「安産のお茶」として知られます。

育て方のコツ

家庭でも収穫が容易ですが、摘み取りが遅れるとカビや害虫が発生しやすいので注意。実の付いた結果母枝は付け根から切ると、樹形が整い収量もアップします。

	1月	2月	3月	4月	5月	6月	7月	8月	9月	10月	11月	12月
苗の植え付け												
収　　穫							(品種によって異なる)					

ボリジ

- ムラサキ科
- 一年草
- 草丈／30～80cm
- 増やし方／タネまき

ボリジ

ほふくして育つクリーピング・ボリジ

どんなハーブ?

花のかわいらしさが際立つハーブ。萼(がく)を取ってサラダに散らしたり砂糖漬けにしたり、ワインやティーに浮かべて。葉はキュウリに似た風味で、ミネラルを含みます。ごわつくので、刻んでドレッシングであえてしんなりさせるか、てんぷらにすると気になりません。

育て方のコツ

日なたを好む丈夫なハーブです。大きく育ちますが、鉢植えでコンパクトに育てることも。株元が蒸れると枯れ上がるので、まめに収穫して風通しをよくします。

Gardening Tips タネまきに挑戦!

タネは秋まきして、苗で冬を越させると大株に育ちます。

タネは1cmくらいの深さにまき、となりの株と触れあうようになったら、ポットに上げて管理を。

根が少ないので注意!

株姿のわりに根の量が少なく、移植を嫌います。

根鉢を崩さずに、大きめの鉢に植え付ける。

	1月	2月	3月	4月	5月	6月	7月	8月	9月	10月	11月	12月
苗の植え付け												
収　　穫							4～11月(葉) 5～10月上旬(花)					

その他のハーブカタログ｜ハ―マ

マイクロトマト

- ナス科
- 一年草
- 草丈／100cm〜
- 増やし方／タネまき

どんなハーブ？
ブルーベリーの実より小さなサイズで、世界最小と話題を集めました。小さいながら甘味が強く、しっかりとトマトの味。1cm以下の実が、1房に10〜30個ほど付きます。赤く色付いても急いで収穫しなくてよく、房ごと収穫しても、毎日数粒ずつ収穫しても楽しい。

育て方のコツ
日あたりがよい場所で、水を少なめに育てます。8号くらいの鉢にコンパクトに仕立てることも。育て方はミニトマトに準じますが、まずはたくさん枝を出し、増えすぎたわき芽を次々摘む程度でも収穫できます。

	1月	2月	3月	4月	5月	6月	7月	8月	9月	10月	11月	12月
苗の植え付け				■	■							
収穫						■	■	■	■	■		

マザーワート

- シソ科
- 多年草（耐寒性）
- 草丈／60〜150cm
- 増やし方／さし木

どんなハーブ？
名前は、古代ギリシアより、妊婦や婦人科系のトラブルに用いられたことにちなみます。近縁で葉が深く切れ込むメハジキは日本に広く自生し、生薬ヤクモソウ（益母草）として同様の処方に用いられました。

育て方のコツ
こぼれダネで増え、野生化するほど丈夫です。ほとんど手間いらずですが、茂り過ぎたときは4〜5月または9〜10月頃に掘りあげて株分けを。アルカロイドを含むため、まれに皮膚炎を起こす場合があります。触れるときは、手袋の着用を。

	1月	2月	3月	4月	5月	6月	7月	8月	9月	10月	11月	12月
苗の植え付け			■	■					■			
収穫							■	■	■			

ミルクシスル

- キク科
- 一年草、または二年草
- 草丈／70〜120cm
- 増やし方／タネまき

どんなハーブ？
葉にトゲがあり、白い模様があるのが特徴。これは聖母マリアのこぼしたミルクと伝えられ、マリアアザミ、ミルクアザミの名もあります。つぼみや若葉、葉と皮を取り除いた茎はゆでて食用できます。タネには肝臓の働きを助ける成分が多く含まれ、サプリメントの材料にも用いられています。

育て方のコツ
日あたりのよい場所を好みます。和名はオオアザミで、帰化植物として分布しているほど強健です。ただし高温多湿に弱いので長雨を避け、夏は涼しい環境づくりを。

	1月	2月	3月	4月	5月	6月	7月	8月	9月	10月	11月	12月
苗の植え付け					■							
収穫				5月中旬〜6月中旬（茎、つぼみ）				6月中旬〜9月（花）				

マートル

- フトモモ科
- 常緑小高木（半耐寒性）
- 樹高／100〜300cm
- 増やし方／さし木

どんなハーブ？
愛と喜び、繁栄を象徴する神聖な木とされ、イワイノキの名やギンバイカの別名があります。茎や葉は肉料理の風味付けや化粧水に利用されました。ほのかな甘さのすっきりとした香りで、気分をおだやかにし、気管支炎の働きや安眠を助ける効果があるといわれます。初夏に梅に似た白い花が咲き、秋には濃紫に熟します。

育て方のコツ
丈夫で強剪定に耐え、刈り込んでコンパクトに仕立てることもできます。やや寒さに弱いので、寒冷地では鉢植えにして軒下や室内へ。

	1月	2月	3月	4月	5月	6月	7月	8月	9月	10月	11月	12月
苗の植え付け				■	■							
収穫				4〜10月（葉）					9〜10月（果実）			

ローズ

ローズヒップ▶
（バラの果実）

- バラ科
- 落葉低木（耐寒性）
- 樹高／20cm～（品種によって）
- 増やし方／さし木、つぎ木

どんなハーブ?

好む香りや目的によってさまざまな種が利用されますが、薬効が高いとされるのは原種やオールドローズが中心です。花弁（花びら）には収れん、消炎作用があり、香りには心の傷をいやし、明るく豊かな気持ちにさせる効果があるといわれます。

育て方のコツ

日あたりと風通しのよい場所を好みます。水切れや肥料切れに注意し、病害虫は早めに対処を。ポプリなどに利用するときは、花が咲き切る前に摘みます。ローズヒップは十分赤く熟してから収穫し、ティー用には砕いて乾燥させます。

	1月	2月	3月	4月	5月	6月	7月	8月	9月	10月	11月	12月
苗の植え付け						（新苗）				（大苗）		
収穫							（花）					（実）

ラークスパー

- キンポウゲ科
- 多年草（耐寒性）、または一年草
- 草丈／30～150cm
- 増やし方／タネまき

どんなハーブ?

デルフィニウム（オオヒエンソウ）とラークスパー（チドリソウ）は、かつて同じ属として扱われ、交配による園芸品種もあり、英名ではいずれもラークスパーと呼ばれます。夏のガーデンを彩る主役や切り花として人気が高く、ドライに適しているのでポプリやクラフトにも利用されます。

育て方のコツ

デルフィニウムは冷涼な気候を好み、夏の高温を嫌います。寒冷地以外では、ラークスパー系の品種が育てやすいでしょう。根鉢をあまり崩さずに植え付け、早めに支柱を立てます。

	1月	2月	3月	4月	5月	6月	7月	8月	9月	10月	11月	12月
苗の植え付け												
収穫												

ミョウガ

- ショウガ科
- 多年草（耐寒性）
- 草丈／20～50cm
- 増やし方／株分け

どんなハーブ?

さわやかな独特の風味で、夏の和食に欠かせません。食べ過ぎると物忘れがひどくなるという俗説は、名前にちなむ仏教説話から。実際には香り成分のαピネンが大脳皮質を刺激して気分を高揚させ、集中力を高める働きをします。抗菌作用や血液循環、呼吸、発汗などを促す作用があり、葉は入浴剤にも向きます。

育て方のコツ

日陰の湿り気を好み、ほかのハーブが育たない場所で楽しめます。苗（地下茎）は10～15cmほどの深さに植え付けを。花穂（花ミョウガ）はもちろん、春の若芽（ミョウガタケ）も美味です。

	1月	2月	3月	4月	5月	6月	7月	8月	9月	10月	11月	12月
苗の植え付け												
収穫			（若芽）						（花）			

ラグラス

- イネ科
- 一年草
- 草丈／15～50cm
- 増やし方／タネまき

どんなハーブ?

名前はギリシア語の「野うさぎの尾」を意味します。ふわふわの穂が風にゆれるさまは愛らしく、やわらかい毛をなでているだけで気分がいやされるよう。ドライに最適で、ほかのハーブといっしょにアレンジしたり花束にしたり、クラフトなどに利用されます。

育て方のコツ

日なた～半日陰で育ち、こぼれダネで増えるほど丈夫。苗は根鉢を崩さずに植え付けます。草丈50cmほどの一般種は1株から30～50本ほどの穂が収穫でき、株間を広め（30cm～）に取ると大きく育ちます。15～20cmほどのコンパクトなわい性種もあります。

	1月	2月	3月	4月	5月	6月	7月	8月	9月	10月	11月	12月
苗の植え付け												
収穫												

ホワイトレース(オルラヤ)

- セリ科
- 多年草(耐寒性)または一年草
- 草丈／60〜100cm
- 増やし方／タネまき

どんなハーブ?

近年ガーデンショーで紹介されたり、ハーブ園やバラ園に植栽されたり、注目を集めています。学名はオルラヤ・グランディフローラで、ホワイトレースの品種名などでも出まわります。エレガントで軽やかなイメージに加え、丈夫で育てやすく、茎が倒れにくいのも特長です。

育て方のコツ

切り花でおなじみアミ属のレースフラワーと似ていますが、株があばれずにコンパクトに育ちます。夏の暑さに弱いので一年草扱いですが、こぼれダネでよく増え、幼苗を掘りあげて移植することも可能です。

	1月	2月	3月	4月	5月	6月	7月	8月	9月	10月	11月	12月
苗の植え付け												
収穫								(花期)				

ローゼル

- アオイ科
- 多年草または一年草
- 草丈／100〜150cm
- 増やし方／タネまき、さし木

どんなハーブ?

主に果実を、萼(がく)や苞(ほう)を付けたまま利用します。鮮やかなルビー色のティーは、甘い香りとさわやかな酸味で、ハイビスカスティーの名で人気。ビタミンCやバイオフラボノイド、鉄分、クエン酸やハイビスカス酸など美容を助ける成分を多く含み、新陳代謝を促進し、疲労回復にも効果的です。

育て方のコツ

ハイビスカスと同様に、日あたりがよく長雨があたらない場所で育てます。発芽から実が熟すまで半年ほどかかり、生長が遅れると寒くなって収穫できません。寒い地方は屋内で育苗を。

	1月	2月	3月	4月	5月	6月	7月	8月	9月	10月	11月	12月
苗の植え付け												
収穫	9月下旬〜10月（花）10月中旬〜11月中旬（果実）											

ヤロウ

- キク科
- 多年草(耐寒性)
- 草丈／60〜180cm
- 増やし方／タネまき、株分け

どんなハーブ?

和名はセイヨウノコギリソウ。育てやすく、花壇花としても出まわります。古くから止血や健胃、解熱などに多く用いられました。葉にはピリッとした辛みがあり、さっとゆがくか、炒め料理の風味付けに。葉はティーやスチームに、花はドライにも向きます。

育て方のコツ

日なたを好みます。生育が旺盛で大きく育つので、大きめの鉢か、株間を40cm以上あけて植え付けます。３〜４年に一度は掘りあげて株分けするとよいでしょう。

	1月	2月	3月	4月	5月	6月	7月	8月	9月	10月	11月	12月
苗の植え付け												
収穫	(品種によって異なる)											

ルー

- ミカン科
- 多年草(耐寒性)
- 草丈／30〜100cm
- 増やし方／タネまき、さし木

どんなハーブ?

小葉は青味がかったシルバーリーフで丸く切れ込み、葉姿の愛らしいハーブです。全草に独特の香り成分を含みます。中世では魔よけに用いられ、疫病から身を守ると信じられました。通経や駆風に強い効果を持つとされましたが、現在では薬用には用いられません。切り花やドライ、書物の虫除けなどに利用されます。

育て方のコツ

日なた〜半日陰で育ちます。茎が緑の幼苗が出まわりますが、大株に育って木化します。刈り込みに耐えるので、コンパクトに仕立てることも可能。アルカロイドを含むので、手入れをするときには手袋を。

	1月	2月	3月	4月	5月	6月	7月	8月	9月	10月	11月	12月
苗の植え付け												
収穫						(花)						

Index

マ行

ヤ行

ラ行

ワ行

タ行

ナ行

ハ行

サ行

Index

さくいん

●記事で紹介している植物名、別名を記載しています。●赤字は2章、青字は3章で紹介している見出しの植物名とそのページです。
●植物名は、よく出まわる流通名を基準にしています。詳しくは3ページ、22ページを参照してください。

ア行

カ行

●監修 ―――――― 高浜 真理子（たかはま まりこ）
1981年、恵泉女学園短期大学園芸生活学科卒業。薬効や香りのある植物に興味を持ち、栽培や活用法を幅広く学ぶ。再進学して美容師免許を取得後、ハーブの美容的利用にも取り組む。育児のかたわら開いたハーブ教室「生活のスパイス」は、育てる・食べる・使うハーブの楽しさを伝える内容が人気に。現在は聖心女子大学、草苑保育専門学校、練馬区立光が丘むらさき幼稚園で栽培指導を行うほか、みやもとファーム農業体験塾講師として農業指導に携わるなど幅広く活躍中。
（http://ameblo.jp/annietakahama/ 兼業農民晴耕雨読）

●協力 ―――――― 玉川園芸 日野春ハーブガーデン 下司 高明
（http://www.hinoharu.com/）
ハーブアイランド ベジタブルガーデン （有）サン農園 渡邉 勇
（http://www.herbisland.co.jp/）
ナチュラルセンス 土のある生活 長谷川 寛
（http://natural-sense.net/）

●寄せ植え制作 ―― MOG 丸山 美夏（http://mog-garden.jp）
●撮影協力 ――― 福田 澄明 邸 ／ 森谷 佳久 邸 ／ 岩渕 春雄 邸
スタジオ シエロ （http://cielophoto.exblog.jp/）
●レシピ協力 ――― 成城 櫻子 （http://seijosakurako.blog77.fc2.com/）
●撮影 ――――― スタジオ シエロ 清水 美智子／押野 倫太郎／森田 裕子
●イラスト ―――― 田辺 理恵
●本文デザイン ――― 奥田 陽子 （志岐デザイン事務所）
●校正 ――――― 笹尾 奈津子 （鷗来堂）
●編集担当 ――― 澤幡 明子 （ナツメ出版企画）
●構成・原稿執筆 ―― 森田 裕子 （Office Wani）

ナツメ社 Webサイト
https://www.natsume.co.jp
書籍の最新情報（正誤情報を含む）はナツメ社Webサイトをご覧ください。

本書に関するお問い合わせは、書名・発行日・該当ページを明記の上、下記のいずれかの方法にてお送りください。電話でのお問い合わせはお受けしておりません。
・ナツメ社webサイトの問い合わせフォーム
https://www.natsume.co.jp/contact
・FAX（03-3291-1305）
・郵送（下記、ナツメ出版企画株式会社宛て）
なお、回答までに日にちをいただく場合があります。正誤のお問い合わせ以外の書籍内容に関する解説・個別の相談は行っておりません。あらかじめご了承ください。

はじめてのハーブ　手《て》入《い》れと育《そだ》て方《かた》

2011年 3 月31日　初版発行
2023年 7 月 1 日　第22刷発行

監修者　高浜《たかはま》真《ま》理《り》子《こ》
発行者　田村正隆

発行所　株式会社ナツメ社
東京都千代田区神田神保町1-52 ナツメ社ビル1F（〒101-0051）
電話　03（3291）1257（代表）　FAX　03（3291）5761
振替　00130-1-58661
制　作　ナツメ出版企画株式会社
東京都千代田区神田神保町1-52 ナツメ社ビル3F（〒101-0051）
電話　03（3295）3921（代表）
印刷所　図書印刷株式会社

ISBN978-4-8163-4902-7